SSIAP 2

800 QUESTIONS REPONSES

Neo Stratégie

FSC
www.fsc.org
MIXTE
Papier issu de sources responsables
Paper from responsible sources
FSC® C105338

Édition : BoD · Books on Demand, 31 avenue Saint-Rémy, 57600 Forbach, bod@bod.fr
Impression : Libri Plureos GmbH, Friedensallee 273, 22763 Hambourg (Allemagne)

ISBN : 978-2-3228-5492-9

Dépôt légal : Juillet 2026

Table des matières

INTRODUCTION

Réviser et réussir le SSIAP 1 et le SSIAP 2 grâce aux questions-réponses

Les formations SSIAP 1 et SSIAP 2 constituent deux étapes essentielles dans le parcours des professionnels de la sécurité incendie.

Le **SSIAP 1 – Agent de service de sécurité incendie et d'assistance à personnes** permet d'acquérir les connaissances indispensables pour prévenir les risques d'incendie, effectuer les rondes de sécurité, intervenir sur un début de sinistre, exploiter le poste de sécurité et porter assistance aux personnes dans les établissements recevant du public et les immeubles de grande hauteur.

Le **SSIAP 2 – Chef d'équipe de service de sécurité incendie et d'assistance à personnes** marque une évolution importante des responsabilités. À ce niveau, il ne s'agit plus seulement d'appliquer les consignes, mais également d'encadrer une équipe, de gérer le poste central de sécurité, de prendre des décisions et de coordonner les interventions lors d'un incendie ou d'un incident grave.

Les examens SSIAP 1 et SSIAP 2 exigent notamment :

- une maîtrise solide des principes de sécurité incendie ;
- une bonne connaissance des équipements et des installations techniques ;
- une compréhension précise des missions de l'agent et du chef d'équipe ;

• une capacité à analyser rapidement une situation ;
• une connaissance des procédures d’intervention et d’évacuation ;
• une vision concrète et opérationnelle du terrain.

C’est précisément pour répondre à ces exigences que ce livre a été conçu.

SSIAP 1

PARTIE 1 – LE FEU ET SES CONSÉQUENCES

Le feu

Objectif de la partie

Comprendre le phénomène du feu, ses mécanismes, ses effets sur l'homme, les matériaux et les structures afin d'adopter les bons réflexes de prévention et d'intervention.

Qu'est-ce que le feu ?

Le feu est une **réaction chimique de combustion** qui se produit lorsqu'un combustible réagit avec un comburant sous l'effet d'une énergie d'activation. Cette réaction dégage de la chaleur, des flammes, des fumées et des gaz. Le feu est un phénomène rapide et incontrôlé lorsqu'il n'est pas maîtrisé. En sécurité incendie, il représente un danger majeur pour les personnes, les biens et les structures.

Quels sont les trois éléments indispensables à la naissance du feu ?

Les trois éléments indispensables sont regroupés dans le **triangle du feu** :

- **Le combustible** : matière capable de brûler (bois, papier, essence, gaz…).
- **Le comburant** : généralement l'oxygène de l'air.

- **L’énergie d’activation** : source de chaleur (étincelle, flamme, surface chaude…).
  Si l’un de ces éléments est supprimé, le feu ne peut pas se maintenir.

Qu’est-ce que le triangle du feu ?

Le triangle du feu est une représentation simple montrant que la combustion nécessite trois éléments simultanés : combustible, comburant et énergie d’activation. Il sert de base à la compréhension des **méthodes d’extinction**, qui consistent à supprimer au moins un des trois éléments. C’est un principe fondamental enseigné dès le début de la formation SSIAP 1.

Qu’est-ce qu’un combustible ?

Un combustible est toute matière capable de brûler. Il peut être solide (bois, papier, plastiques), liquide (essence, alcool, fioul) ou gazeux (butane, propane, méthane). Dans les établissements recevant du public, les combustibles sont très présents (mobilier, décors, textiles). Leur nature influence la vitesse de propagation et la violence de l’incendie.

Qu'appelle-t-on le comburant ?

Le comburant est la substance qui permet la combustion. Dans la majorité des incendies, il s'agit de **l'oxygène présent dans l'air**. Plus l'apport en oxygène est important, plus le feu est intense. C'est pourquoi l'ouverture de portes ou de fenêtres peut aggraver un incendie. Le contrôle de l'air est un élément clé de la sécurité incendie.

Qu'est-ce que l'énergie d'activation ?

L'énergie d'activation est la **source de chaleur initiale** qui permet d'enclencher la combustion. Elle peut provenir d'une flamme, d'une étincelle électrique, d'un court-circuit, d'une surface chaude ou d'un frottement. Sans cette énergie, même en présence de combustible et de comburant, le feu ne démarre pas.

Quelles sont les grandes catégories d'énergies d'activation ?

On distingue principalement :

- les énergies thermiques,
- les énergies électriques,
- les énergies mécaniques,
- les énergies chimiques,
- les énergies radiantes.

Qu'est-ce qu'une énergie thermique ?

Une énergie thermique est une **source de chaleur directe** capable d'enflammer un matériau combustible lorsqu'elle atteint une température suffisante.

Quels exemples d'énergies thermiques peut-on citer ?

On peut citer :

- les flammes nues,
- les surfaces chaudes,
- les appareils de chauffage,
- les fours,
- les plaques de cuisson.

Qu'est-ce qu'une énergie électrique ?

Une énergie électrique est une source d'inflammation liée à un **courant électrique**, pouvant provoquer un échauffement, une étincelle ou un arc électrique.

Quels risques incendie sont liés à l'électricité ?
Les risques incluent :

- courts-circuits,
- surcharges électriques,
- arcs électriques,

- installations défectueuses ou vétustes.

Qu'est-ce qu'une énergie mécanique ?

Une énergie mécanique est produite par un **mouvement ou un choc**, susceptible de générer de la chaleur ou des étincelles par frottement ou impact.

Quels sont des exemples d'énergies mécaniques ?

On peut citer :

- frottement de pièces métalliques,
- chocs,
- meulage,
- perçage,
- travaux par points chauds.

Pourquoi les travaux par points chauds sont-ils dangereux

Parce qu'ils génèrent des **étincelles et des températures élevées**, pouvant enflammer des matériaux combustibles même à distance ou après la fin des travaux.

Qu'est-ce qu'une énergie chimique ?

Une énergie chimique résulte d'une **réaction chimique exothermique**, capable de produire suffisamment de chaleur pour déclencher un incendie.

Quels exemples d'énergies chimiques peut-on rencontrer

On peut rencontrer :

- réactions entre produits incompatibles,
- auto-échauffement de certains matériaux,
- réactions d'oxydation,
- fermentation ou décomposition.

Qu'est-ce que l'auto-échauffement ?

L'auto-échauffement est un phénomène où un matériau **monte progressivement en température sans source extérieure**, jusqu'à atteindre l'inflammation.

Quels matériaux sont concernés par l'auto-échauffement ?

Des matériaux comme :

- chiffons imbibés d'huile,
- déchets gras,
- certains produits chimiques,
- matières organiques en vrac.

Qu'est-ce qu'une énergie radiante ?

Une énergie radiante est une énergie transmise par **rayonnement**, capable de chauffer un combustible sans contact direct.

Quels exemples d'énergies radiantes peut-on citer ?

On peut citer :

- rayonnement solaire concentré,
- rayonnement d'un feu proche,
- lampes halogènes très chaudes.

Quel rôle joue l'électricité statique dans les incendies ?
L'électricité statique peut provoquer une **décharge électrique** sous forme d'étincelle, suffisante pour enflammer des vapeurs inflammables.

Dans quels environnements l'électricité statique est-elle dangereuse ?
Elle est dangereuse dans les zones contenant :

- gaz inflammables,
- vapeurs de solvants,
- poussières combustibles.

Pourquoi la suppression des sources d'énergie d'activation est-elle un moyen de prévention ?
Supprimer ou maîtriser ces sources empêche le **démarrage de la combustion**, même en présence de combustible et de comburant.

Que doit retenir un agent SSIAP 1 sur les énergies d'activation ?

Il doit retenir que **toute source de chaleur, d'étincelle ou de réaction** peut être à l'origine d'un incendie, et que la prévention repose sur leur **identification, maîtrise et surveillance**.

Quels sont les différents modes de propagation du feu ?

Le feu se propage selon quatre modes principaux :

- **Par conduction** : transmission de la chaleur à travers un matériau.
- **Par convection** : déplacement des gaz chauds et des fumées.
- **Par rayonnement** : diffusion de la chaleur à distance.
- **Par projection** : déplacement de particules enflammées.
  Ces modes expliquent la rapidité de propagation d'un incendie dans un bâtiment.

Qu'est-ce que la propagation par conduction ?

La conduction est la transmission de la chaleur à travers un matériau solide. Un élément métallique chauffé par un incendie peut transmettre la chaleur à une autre zone, provoquant un départ de feu à distance. Ce phénomène est fréquent dans les structures métalliques, les canalisations ou les gaines techniques.

Qu'est-ce que la propagation par convection ?

La convection correspond au déplacement des **gaz chauds et des fumées**, qui montent naturellement. Ce mode de propagation est très dangereux car les fumées chaudes peuvent envahir rapidement les niveaux supérieurs d'un bâtiment, rendant les circulations impraticables et mettant en danger les occupants.

Qu'est-ce que la propagation du feu par rayonnement ?
La propagation par rayonnement correspond à la diffusion de la chaleur **à distance**, sans contact direct. La chaleur émise par les flammes peut enflammer des matériaux situés à plusieurs mètres. Ce mode de propagation est fréquent lors d'incendies importants et explique pourquoi des objets peuvent s'embraser sans être touchés par les flammes.

Qu'est-ce que la propagation du feu par projection ?

La projection est la propagation du feu par des **particules enflammées** (brandons, gouttelettes de liquides en feu). Ces éléments peuvent être transportés par l'air et provoquer des départs de feu secondaires. Ce phénomène est courant lors d'incendies de liquides inflammables ou en présence de vents importants.

Pourquoi les fumées sont-elles plus dangereuses que les flammes ?

Les fumées sont responsables de la majorité des décès lors des incendies. Elles sont **toxiques**, opaques et très chaudes. Elles provoquent l'asphyxie, la perte de visibilité, la panique et empêchent l'évacuation. En quelques minutes, elles peuvent rendre un local totalement impraticable, même sans flammes visibles.

De quoi sont composées les fumées d'incendie ?

Les fumées sont composées de gaz toxiques (monoxyde de carbone, dioxyde de carbone), de particules solides, de vapeurs irritantes et de gaz chauds. Leur composition dépend des matériaux qui brûlent. Certains plastiques dégagent des gaz extrêmement toxiques, aggravant les risques pour les personnes.

Qu'est-ce que le monoxyde de carbone (CO) ?

Le monoxyde de carbone est un gaz **incolore, inodore et mortel**. Il se fixe sur le sang à la place de l'oxygène et provoque une asphyxie rapide. Lors d'un incendie, il est la principale cause de décès. Quelques respirations suffisent à entraîner une perte de connaissance.

Quels sont les effets du feu sur l'homme ?

Le feu peut provoquer :

- des brûlures par contact ou rayonnement,
- une asphyxie par inhalation de fumées,
- une intoxication par les gaz toxiques,
- un stress intense et une désorientation.
  Ces effets peuvent survenir très rapidement, même loin du foyer d'incendie.

Qu'est-ce qu'une brûlure thermique ?

Une brûlure thermique est une lésion causée par la chaleur (flammes, surfaces chaudes, gaz brûlants). Elle peut être superficielle ou profonde. La gravité dépend de la température, de la durée d'exposition et de la zone touchée. Les brûlures graves nécessitent une prise en charge médicale urgente.

Quels sont les effets du feu sur les matériaux ?

Le feu modifie les propriétés des matériaux :

- perte de résistance mécanique,
- déformation,
- rupture,
- émission de fumées toxiques.
  Certains matériaux s'enflamment rapidement, d'autres fondent ou se dégradent sous l'effet de la chaleur, favorisant la propagation de l'incendie.

Comment le feu agit-il sur les structures d'un bâtiment ?

Sous l'effet de la chaleur, les structures peuvent se déformer, perdre leur résistance et s'effondrer. Les structures métalliques se dilatent rapidement, tandis que le béton peut éclater. La stabilité du bâtiment est donc directement menacée lors d'un incendie prolongé.

Qu'est-ce que le risque d'effondrement lors d'un incendie

Le risque d'effondrement correspond à la perte de stabilité totale ou partielle d'un bâtiment. Il peut survenir sans signe visible. Ce danger est majeur pour les occupants, les agents SSIAP et les secours. C'est pourquoi certaines zones peuvent être interdites d'accès lors d'un incendie.

Qu'appelle-t-on les classes de feu ?

Les classes de feu permettent de **classer les incendies selon la nature du combustible**. Cette classification est essentielle pour choisir le **moyen d'extinction adapté**. En SSIAP 1, on distingue les classes A, B, C, D et F. Utiliser un mauvais extincteur peut être inefficace, voire dangereux.

Qu'est-ce qu'un feu de classe A ?

Un feu de classe A concerne les **matériaux solides** formant des braises, comme le bois, le papier, le carton ou les textiles. Ces feux sont très courants dans les ERP. Ils se caractérisent par une combustion lente avec formation de braises. L'eau est généralement efficace pour ce type de feu.

Qu'est-ce qu'un feu de classe B ?

Un feu de classe B concerne les **liquides inflammables** ou les solides liquéfiables, comme l'essence, l'alcool, les solvants ou certaines graisses. Ces feux ne forment pas de braises. L'eau est déconseillée car elle peut provoquer une projection du liquide en feu et aggraver l'incendie.

Qu'est-ce qu'un feu de classe C ?

Un feu de classe C implique des **gaz inflammables** comme le propane, le butane ou le gaz naturel. La priorité est de **couper l'alimentation en gaz** avant toute tentative d'extinction. Sans coupure de la source, le feu peut se rallumer ou provoquer une explosion.

Qu'est-ce qu'un feu de classe D ?

Un feu de classe D concerne les **métaux combustibles** (magnésium, sodium, aluminium en poudre). Ces feux sont rares en ERP mais très dangereux. Ils nécessitent des agents extincteurs spécifiques. L'eau est strictement interdite car elle peut provoquer une réaction violente.

Qu'est-ce qu'un feu de classe F ?

Un feu de classe F concerne les **huiles et graisses de cuisson**, principalement dans les cuisines professionnelles. Ces feux brûlent à très haute température. L'eau provoque une projection explosive. Des extincteurs spécifiques à agents saponifiants sont utilisés pour étouffer le feu.

Pourquoi est-il important de connaître les classes de feu ?

Connaître les classes de feu permet à l'agent SSIAP 1 de **choisir le bon moyen d'extinction** et d'éviter les erreurs graves. Une mauvaise intervention peut mettre en danger l'agent, les occupants et aggraver la situation. Cette connaissance est systématiquement évaluée à l'examen.

Qu'est-ce que la réaction au feu d'un matériau ?
La réaction au feu désigne le **comportement d'un matériau lorsqu'il est exposé au feu**. Elle mesure sa capacité à s'enflammer, à propager les flammes et à produire des fumées. Les matériaux sont classés selon leur réaction au feu afin de limiter la propagation des incendies dans les bâtiments.

Qu'appelle-t-on une cause d'incendie ?

Une cause d'incendie est l'**origine du départ de feu**, c'est-à-dire l'événement, le comportement ou la défaillance qui a permis la rencontre entre un combustible, un comburant et une énergie d'activation.
Pourquoi est-il important de connaître les causes des incendies en SSIAP 1 ?

Connaître les causes permet de **prévenir les départs de feu**, de renforcer la surveillance des zones à risques et d'adapter les consignes de sécurité incendie.

Quelles sont les grandes familles de causes d'incendie ?
On distingue principalement :

- les causes électriques,
- les causes humaines,
- les causes mécaniques,
- les causes chimiques,
- les causes naturelles.

Qu'est-ce qu'une cause électrique d'incendie ?

Une cause électrique est liée à un **dysfonctionnement ou une mauvaise utilisation d'une installation électrique**, provoquant un échauffement ou une étincelle.
Quels exemples de causes électriques peut-on citer ?

On peut citer :

- courts-circuits,
- surcharges électriques,
- installations vétustes,
- matériels défectueux,
- branchements non conformes.

Pourquoi les installations électriques défectueuses sont-elles dangereuses ?

Parce qu'elles peuvent provoquer des **échauffements prolongés**, invisibles, qui finissent par enflammer les matériaux environnants.

Qu'appelle-t-on une cause humaine d'incendie ?

Une cause humaine est liée à un **comportement dangereux ou inadapté**, volontaire ou involontaire, d'une personne.

Quels comportements humains sont fréquemment à l'origine d'incendies ?

Les plus fréquents sont :

- mégots mal éteints,
- flammes nues mal maîtrisées,
- non-respect des consignes,
- négligence ou imprudence.

La malveillance est-elle une cause d'incendie ?

Oui. Les incendies d'origine volontaire (incendie criminel) relèvent de la **malveillance** et constituent une cause grave, bien que moins fréquente que les causes accidentelles.

Qu'est-ce qu'une cause mécanique d'incendie ?

Une cause mécanique résulte d'un **frottement, choc ou échauffement de pièces mécaniques**, produisant de la chaleur ou des étincelles.

Quels exemples de causes mécaniques peut-on rencontrer

On peut rencontrer :

- frottement de machines,
- roulements défectueux,
- outils produisant des étincelles,
- travaux par points chauds.

Pourquoi les travaux par points chauds sont-ils particulièrement surveillés ?

Parce qu'ils génèrent **étincelles, projections et températures élevées**, susceptibles d'enflammer des matériaux proches ou cachés.

Qu'est-ce qu'une cause chimique d'incendie ?
Une cause chimique est liée à une **réaction chimique exothermique** produisant suffisamment de chaleur pour déclencher un feu.

Quels exemples de causes chimiques peut-on citer ?
On peut citer :

- mélange de produits incompatibles,
- auto-échauffement,
- réactions d'oxydation,
- décomposition de certaines substances.

Qu'est-ce que l'auto-échauffement ?
L'auto-échauffement est un phénomène où un matériau **monte seul en température**, sans flamme ni étincelle extérieure, jusqu'à l'inflammation.

Quels matériaux sont souvent concernés par l'auto-échauffement ?
On retrouve notamment :

- chiffons imbibés d'huile,
- déchets gras,
- matières organiques,
- certains produits chimiques.

Qu'est-ce qu'une cause naturelle d'incendie ?
Une cause naturelle est un événement **non lié à l'activité humaine**, déclenchant un incendie.

Quels exemples de causes naturelles peut-on citer ?
On peut citer :

- la foudre,
- de fortes chaleurs prolongées,
- des phénomènes météorologiques extrêmes.

Quelle est la cause d'incendie la plus fréquente dans les ERP ?
Les causes les plus fréquentes sont **d'origine électrique et humaine**, notamment liées à la négligence et aux installations défectueuses.

Quel est le rôle de l'agent SSIAP 1 face aux causes d'incendie ?

L'agent SSIAP 1 doit **identifier, signaler et prévenir** les causes potentielles d'incendie par la surveillance, les rondes et l'application des consignes.

Pourquoi la prévention est-elle plus efficace que l'intervention ?
Parce qu'un incendie évité ne met ni les personnes ni les biens en danger. La prévention permet de **supprimer les causes avant le départ de feu**.

Que faut-il retenir sur les causes des incendies ?
Il faut retenir que la majorité des incendies sont **évitables** grâce à la vigilance, au respect des consignes et à la suppression des comportements et situations à risque.

Définitions à connaitre :

Le point éclair : température à laquelle un combustible émet suffisamment de vapeurs pour qu'elles s'enflamment au contact d'une flamme d'amorce, **sans persistance** de flammes au retrait de celle-ci.

Le point d'inflammation ou point de flamme : température à partir de laquelle un combustible émet suffisamment de vapeurs pour qu'elles s'enflamment au contact d'une flamme d'amorce **avec persistance** de flammes au retrait de celle-ci.

Le point d'auto-inflammation : température à laquelle la combustion d'un corps s'amorce d'elle-même, sans qu'il soit mis au contact d'une flamme.

Le pouvoir calorifique : c'est la quantité de chaleur susceptible d'être dégagée par la combustion complète d'un Kg de combustible (solide, liquide ou gaz). Il s'exprime en KJ/Kg ou en KJ/m3

La charge calorifique : c'est la quantité de chaleur que pourrait dégager, lors de la combustion complète, l'ensemble des matériaux d'un même local.

Le potentiel calorifique : c'est la quantité de chaleur que pourrait dégager l'ensemble des matériaux d'un même local lors de sa combustion complète **ramenée à l'unité de surface, le m2**. L'unité de mesure est le MJ/m2.

Combustion des gaz :

lors d'un incendie, il n'y a que les gaz qui brûlent, que ce soient des gaz de pyrolyse provenant de corps chauffés à l'état solide ou des vapeurs de liquides inflammables.

- ✓ Le mélange « gaz-combustible » avec l'oxygène de l'air est inflammable si :

- ➢ L'énergie d'activation est suffisamment élevée.

- ➢ La concentration du mélange est comprise entre certaines limites **LIE LSE**

LIE : limite inférieure d'explosibilité ou d'inflammabilité
LSE : limite supérieure d'explosibilité ou d'inflammabilité.
Entre ces deux limites **« la plage d'inflammabilité »** permet la combustion.

Qu'est-ce que la résistance au feu ?

La résistance au feu correspond à la **capacité d'un élément de construction à conserver ses fonctions** (portance, étanchéité, isolation) pendant un temps donné sous l'action du feu. Elle est exprimée en durée (ex. 30 minutes, 1 heure). Elle vise à permettre l'évacuation et l'intervention des secours.

Quelle est la différence entre réaction au feu et résistance au feu ?

La réaction au feu concerne la **facilité avec laquelle un matériau brûle**, tandis que la résistance au feu concerne la **capacité d'un élément à tenir dans le temps face à un incendie**. Les deux notions sont complémentaires et essentielles pour garantir la sécurité des personnes dans les ERP et IGH.

Qu'entend-on par stabilité au feu d'un bâtiment ?

La stabilité au feu correspond à la capacité d'un bâtiment ou d'un élément porteur à **ne pas s'effondrer sous l'effet de la chaleur**. Elle vise à garantir la sécurité des occupants pendant l'évacuation et celle des secours lors de l'intervention. Une perte de stabilité peut entraîner un effondrement brutal.

Pourquoi la stabilité au feu est-elle essentielle en sécurité incendie ?

La stabilité au feu est essentielle car un effondrement peut survenir sans signe visible. Elle conditionne le temps disponible pour évacuer les personnes et intervenir. En SSIAP 1, l'agent doit toujours intégrer ce risque dans son analyse de situation et respecter les consignes de sécurité.

Quels sont les facteurs qui influencent la stabilité d'un bâtiment en cas d'incendie ?

Les principaux facteurs sont :

- la nature des matériaux de construction,
- la durée d'exposition au feu,
- l'intensité de l'incendie,
- la conception du bâtiment.

  Ces éléments expliquent pourquoi certains bâtiments résistent plus longtemps que d'autres.

Quels matériaux perdent rapidement leur résistance au feu ?

Les matériaux métalliques, notamment l'acier, perdent rapidement leur résistance mécanique lorsqu'ils sont chauffés. Ils se déforment et peuvent entraîner l'effondrement des structures. C'est pourquoi ils sont souvent protégés par des revêtements ignifuges ou coupe-feu.

Comment le feu agit-il sur le béton ?

Sous l'effet de la chaleur, le béton peut se fissurer, éclater ou perdre ses propriétés mécaniques. Les armatures métalliques qu'il contient peuvent également se dilater. Ces phénomènes fragilisent la structure et augmentent le risque d'effondrement.

Qu'est-ce qu'un élément coupe-feu ?

Un élément coupe-feu est un élément de construction capable de **résister au feu pendant un temps déterminé** tout en empêchant le passage des flammes, des fumées et de la chaleur. Il participe au compartimentage et limite la propagation de l'incendie dans le bâtiment.

Quels éléments du bâtiment sont concernés par la résistance au feu ?

Sont concernés :

- les murs et cloisons,
- les planchers et plafonds,
- les portes et blocs-portes,
- les poteaux, poutres et éléments porteurs.

Quels sont les critères pris en compte pour la résistance au feu ?

La résistance au feu repose sur trois critères principaux :

- la **stabilité**,
- l'**étanchéité**,
- l'**isolation thermique**.

Que signifie le classement français SF (Stable au Feu) ?

SF signifie **Stable au Feu**.
Un élément classé SF conserve sa **stabilité mécanique** pendant une durée déterminée lorsqu'il est soumis à un incendie.

À quoi correspond le classement PF (Pare-Flammes) ?

PF signifie **Pare-Flammes**.
Un élément PF empêche le **passage des flammes et des gaz chauds**, tout en restant stable, pendant un temps donné.

Que garantit le classement CF (Coupe-Feu) ?

CF signifie **Coupe-Feu**
Un élément CF assure :

- la **stabilité**,
- l'**étanchéité aux flammes et gaz**,

- l'**isolation thermique**.

C'est le niveau de protection le plus élevé du classement français.

Comment s'expriment les durées des classements SF, PF et CF ?

Les durées sont exprimées en **heures** (1 h, 2 h).
Exemple :

- PF 1/2 h
- CF 1 h

Pourquoi les portes coupe-feu sont-elles essentielles ?

Parce qu'elles permettent de **maintenir le compartimentage**. Une porte coupe-feu bloquée ouverte annule totalement son efficacité.

Pourquoi a-t-on mis en place un classement européen REI

Le classement européen REI permet d'**harmoniser les règles de résistance au feu** entre les pays de l'Union européenne et de remplacer progressivement les anciens classements nationaux.

Que signifie la lettre R dans le classement REI ?

R – Résistance mécanique
L'élément conserve sa stabilité et sa capacité portante sous l'effet du feu.

Que signifie la lettre E dans le classement REI ?

E – Étanchéité
L'élément empêche le passage des flammes et des gaz chauds vers la face non exposée au feu.

Que signifie la lettre I dans le classement REI ?

I – Isolation thermique
L'élément limite la transmission de la chaleur afin d'éviter l'inflammation des matériaux situés de l'autre côté.

Comment s'exprime un classement REI ?

Le classement REI est exprimé par les **lettres suivies d'un temps en minutes**.
Exemples :

- REI 30
- REI 60
- REI 120

À quoi correspond un élément classé REI 60 ?

Un élément REI 60 conserve pendant **60 minutes** :

- sa résistance mécanique,
- son étanchéité aux flammes,
- son isolation thermique.

Comment relier les anciens classements français et le REI ?

De manière simplifiée :

- **SF ≈ R**
- **PF ≈ RE**
- **CF ≈ REI**

(Correspondance indicative.)

Les classements français sont-ils encore utilisés ?

Oui. Les classements **SF, PF et CF** sont encore rencontrés sur le terrain et dans les documents anciens, même si le **REI est désormais la référence européenne**.

Quel est le rôle de l'agent SSIAP 1 face aux éléments résistants au feu ?

L'agent SSIAP 1 doit :

- veiller à leur **intégrité**,
- s'assurer qu'ils ne sont pas dégradés ou neutralisés,

- signaler toute anomalie (porte bloquée, cloison percée).

Que faut-il retenir sur la résistance au feu ?

La résistance au feu permet de **gagner du temps**, de protéger les personnes et de limiter les dégâts.
Sans respect des classements (SF, PF, CF ou REI), la sécurité incendie devient inefficace.

Qu'appelle-t-on la réaction au feu d'un matériau ?

La réaction au feu est la **manière dont un matériau se comporte lorsqu'il est exposé à un incendie**, notamment sa capacité à s'enflammer, à propager le feu et à produire des fumées.

Quelle est la différence entre réaction au feu et résistance au feu ?

- La **réaction au feu** concerne le **comportement du matériau** face au feu.
- La **résistance au feu** concerne la **capacité d'un élément de construction à résister au feu dans le temps**.

Pourquoi la réaction au feu est-elle importante en sécurité incendie ?

Parce qu'elle influence directement la **vitesse de propagation de l'incendie**, la production de fumées et donc le danger pour les personnes.

Quels types de matériaux sont concernés par la réaction au feu ?

Sont concernés :

- revêtements muraux et de sols,
- plafonds,
- isolants,
- tentures, rideaux, décorations,
- mobiliers fixes.

Quel est le classement français de réaction au feu ?

Le classement français classe les matériaux de **M0 à M4**, selon leur comportement au feu.

Que signifie le classement M0 ?

M0 : matériau incombustible.
Il ne participe pas à l'incendie et ne dégage pas de fumées inflammables.

Que signifie le classement M1 ?

M1 : matériau non inflammable.
Il peut se dégrader sous l'effet de la chaleur mais **ne propage pas le feu**.

Que signifie le classement M2 ?

M2 : matériau difficilement inflammable.
Il peut s'enflammer mais avec une propagation limitée.

Que signifie le classement M3 ?

M3 : matériau moyennement inflammable.
Il contribue de manière significative au développement de l'incendie.

Que signifie le classement M4 ?

M4 : matériau facilement inflammable.
Il s'enflamme rapidement et favorise fortement la propagation du feu.

Pourquoi le classement M4 est-il très défavorable en ERP ?

Parce qu'il accélère la propagation de l'incendie et augmente fortement le danger pour les occupants, notamment par la production de fumées.

Pourquoi un classement européen a-t-il été mis en place ?

Pour **harmoniser les règles de sécurité incendie au niveau européen** et remplacer progressivement les classements nationaux.

Comment s'appelle le classement européen de réaction au feu ?

Il s'agit des **Euroclasses**, notées de **A1 à F**.

Que signifie l'Euroclasse A1 ?

A1 : matériau incombustible.

Il ne participe pas à l'incendie, même en cas de feu pleinement développé.

Que signifie l'Euroclasse A2 ?

A2 : matériau pratiquement incombustible, avec une contribution très limitée au feu.

Que signifie l'Euroclasse B ?

B : matériau très faiblement combustible.
Il contribue très peu au développement de l'incendie.

Que signifie l'Euroclasse C ?

C : matériau combustible modéré.
Il participe au feu mais de façon contrôlée.

Que signifie l'Euroclasse D ?

D : matériau combustible.
Il contribue de manière importante au développement de l'incendie.

Que signifie l'Euroclasse E ?

E : matériau facilement inflammable.
Il s'enflamme rapidement dès l'exposition à une flamme.

Que signifie l'Euroclasse F ?

F : matériau non classé ou non testé, considéré comme très dangereux face au feu.

Que représentent les indices "s" et "d" dans les Euroclasses

- **s (smoke)** : quantité de fumées dégagées (s1, s2, s3).
- **d (droplets)** : production de gouttelettes ou débris enflammés (d0, d1, d2).

Que signifie un classement B-s1,d0 ?

Cela signifie :

- **B** : très faible contribution au feu,
- **s1** : très peu de fumées,
- **d0** : aucune gouttelette enflammée.

Que signifie le classement FL dans le classement européen de réaction au feu ?

Le classement **FL** concerne la **réaction au feu des revêtements de sol** (moquettes, sols PVC, parquets, stratifiés, linoléum, etc.).

Pourquoi existe-t-il un classement spécifique FL pour les sols ?

Parce que les sols ont un **comportement particulier face au feu**, notamment en cas de propagation par le sol, ce qui justifie un classement distinct des murs et plafonds.

À quels matériaux s'applique le classement FL ?
Le classement FL s'applique aux :

- revêtements de sol textiles,
- revêtements plastiques (PVC),
- parquets et sols stratifiés,
- sols souples ou rigides.

Quelles sont les classes du classement FL ?
Les classes FL sont :
A1fl – A2fl – Bfl – Cfl – Dfl – Efl – Ffl
Existe-t-il une correspondance entre les classements M et les Euroclasses ?

Oui, à titre indicatif :

- **M0 ≈ A1 / A2**
- **M1 ≈ B**
- **M2 ≈ C**
- **M3 ≈ D**
- **M4 ≈ E / F**

Les classements français sont-ils encore utilisés ?

Oui. Les classements **M0 à M4** sont encore présents sur le terrain et dans les documents anciens, même si les **Euroclasses sont désormais la référence européenne**.

Quel est le rôle de l'agent SSIAP 1 face à la réaction au feu

L'agent SSIAP 1 doit :

- identifier les matériaux dangereux,
- signaler les revêtements non conformes,
- veiller au respect des prescriptions réglementaires.

Que faut-il retenir sur la réaction au feu ?

La réaction au feu conditionne la **vitesse de propagation de l'incendie et la production de fumées**.
Un mauvais choix de matériaux peut rendre l'évacuation impossible en quelques minutes.

PARTIE 2 – SÉCURITÉ INCENDIE EN ERP

ERP

Principe de classement des établissements

Quels sont les objectifs de la prévention ?

La prévention vise quatre objectifs :

- Limiter le risque de naissance du feu
- Limiter la propagation de l'incendie
- Évacuer les personnes en danger
- Faciliter l'intervention des secours.

Qu'est-ce qu'un ERP (Établissement Recevant du Public) ?

Un ERP est un bâtiment, local ou enceinte dans lequel des personnes extérieures sont admises, soit librement, soit moyennant une participation. Peu importe que l'accès soit gratuit ou payant. Les ERP sont soumis à une réglementation incendie stricte afin de garantir la sécurité des occupants.

Pourquoi les ERP sont-ils soumis à une réglementation spécifique incendie ?

Les ERP accueillent du public souvent non averti des risques. En cas d'incendie, la panique peut être rapide. La réglementation vise à prévenir les incendies, faciliter l'évacuation et permettre l'intervention des secours dans les meilleures conditions possibles.

Qu'est-ce que le classement des ERP ?

Le classement des ERP permet d'adapter les règles de sécurité en fonction du **type d'activité** exercée et du **nombre de personnes accueillies**. Il se fait selon deux critères : le type (lettre) et la catégorie (chiffre).

Que représente le type d'un ERP ?

Le type correspond à la **nature de l'exploitation** de l'établissement (exemples : magasin, restaurant, école, hôtel). Chaque type d'ERP est désigné par une lettre et soumis à des règles spécifiques adaptées aux risques liés à l'activité.

Qu'est-ce qu'un ERP de type J ?

Le **type J** concerne les **structures d'accueil pour personnes âgées ou handicapées**, comme les EHPAD ou établissements médicalisés.
Pourquoi le type J est-il très sensible en sécurité incendie ?

Parce que le public est **non autonome ou à mobilité réduite**, rendant l'évacuation difficile.

Qu'est-ce qu'un ERP de type L ?

Le **type L** concerne les **salles de spectacles, de conférences, de réunions ou de projections** (cinémas, théâtres).

Qu'est-ce qu'un ERP de type M ?

Le **type M** concerne les **magasins de vente et centres commerciaux**.

Quels sont les risques spécifiques des ERP de type M ?

Les risques sont liés à :

- la forte densité de public,
- les stocks combustibles,
- les installations électriques nombreuses.

Qu'est-ce qu'un ERP de type N ?
Le **type N** concerne les **restaurants et débits de boissons**.

Quels risques particuliers présente le type N ?

Les risques sont principalement liés à :

- la cuisson,
- les installations de gaz,
- les graisses et huiles.

Qu'est-ce qu'un ERP de type O ?

Le **type O** concerne les **hôtels et pensions de famille**.

Pourquoi les hôtels sont-ils à risque incendie ?

Parce que le public dort, est **peu vigilant**, et que l'évacuation peut être retardée.

Qu'est-ce qu'un ERP de type P ?

Le **type P** concerne les **salles de danse et salles de jeux**.

Qu'est-ce qu'un ERP de type R ?

Le **type R** concerne les **établissements d'enseignement** (écoles, collèges, lycées).

Quel est le risque majeur dans les ERP de type R ?
Le risque principal est lié à la **présence d'enfants**, nécessitant une évacuation rapide et organisée.

Qu'est-ce qu'un ERP de type S ?

Le **type S** concerne les **bibliothèques, centres de documentation et archives**.

Pourquoi les ERP de type S sont-ils sensibles au feu ?

À cause de la **grande quantité de papier**, très combustible.

Qu'est-ce qu'un ERP de type T ?

Le **type T** concerne les **salles d'expositions**.

Qu'est-ce qu'un ERP de type U ?

Le **type U** concerne les **établissements de soins** (hôpitaux, cliniques).

Qu'est-ce qu'un ERP de type V ?

Le **type V** concerne les **établissements de culte**.

Qu'est-ce qu'un ERP de type W ?
Le **type W** concerne les **administrations, banques, bureaux accueillant du public**.

Qu'est-ce qu'un ERP de type X ?

Le **type X** concerne les **établissements sportifs couverts**.

Qu'est-ce qu'un ERP de type Y ?

Le **type Y** concerne les **musées**.

Qu'est-ce qu'un ERP de type PA ?

Le **type PA** concerne les **établissements de plein air** (stades, terrains sportifs).

Qu'est-ce qu'un ERP de type CTS ?

Le **type CTS** concerne les **chapiteaux, tentes et structures itinérantes**.

Quels risques spécifiques présente le type CTS ?

Les risques sont liés à :

- la structure légère,
- les matériaux textiles,
- les installations temporaires.

Qu'est-ce qu'un ERP de type SG ?

Le **type SG** concerne les **structures gonflables** accueillant du public.

Pourquoi les structures gonflables sont-elles réglementées

Parce qu'elles sont sensibles à :

- la chaleur,
- la perforation,
- les coupures électriques ou mécaniques.

Qu'est-ce qu'un ERP de type GA ?

Le **type GA** concerne les **gares** (ferroviaires, routières, de transport guidé).

Qu'est-ce qu'un ERP de type PS ?

Le **type PS** concerne les **parcs de stationnement couverts** accessibles au public.

Quels risques sont propres aux parkings ?

Les risques sont liés à :

- la présence de véhicules,
- les carburants,
- les fumées toxiques.

Pourquoi est-il essentiel pour un agent SSIAP 1 de connaître les types d'ERP ?

Parce que les **consignes, équipements et procédures varient selon le type d'établissement**.

Que faut-il retenir sur les types d'ERP ?

Chaque type d'ERP présente des **risques spécifiques** qui justifient une réglementation adaptée et une vigilance particulière de l'agent SSIAP 1.

Que représente la catégorie d'un ERP ?

La catégorie dépend de l'**effectif maximal du public et du personnel**. Elle va de la 1re à la 5e catégorie. Plus l'effectif est important, plus les exigences en matière de sécurité incendie sont élevées.

Quelles sont les cinq catégories d'ERP ?

- 1re catégorie : plus de 1 500 personnes
- 2e catégorie : de 701 à 1 500 personnes
- 3e catégorie : de 301 à 700 personnes
- 4e catégorie : jusqu'à 300 personnes
- 5e catégorie : effectif inférieur aux seuils réglementaires
  Ce classement influence les moyens de sécurité exigés.

Qu'appelle-t-on un groupe d'ERP ?

Un groupe d'ERP est un **regroupement de catégories d'établissements** en fonction de l'effectif du public et du personnel, afin d'adapter les exigences de sécurité incendie.

Combien existe-t-il de groupes d'ERP ?

Il existe **deux groupes d'ERP** :

- le **1er groupe**,
- le **2e groupe**.

À quoi sert la distinction entre 1er et 2e groupe ?

Elle permet de **différencier le niveau de risque**, les obligations réglementaires, les moyens de secours et les contraintes d'exploitation.

Quelles catégories composent le 1er groupe d'ERP ?

Le **1er groupe** comprend les **ERP de 1re, 2e, 3e et 4e catégories**.

Quelles catégories composent le 2e groupe d'ERP ?

Le **2e groupe** comprend uniquement les **ERP de 5e catégorie**.

A quoi servent les commissions de sécurité ?

Les commissions de sécurité donnent un **avis** sur la conformité des établissements aux règles de sécurité incendie. Elles peuvent formuler des prescriptions et conditionner l'ouverture ou le maintien en exploitation d'un ERP.

Pourquoi les visites de commissions sont-elles importantes

Elles permettent de vérifier que l'établissement respecte la réglementation et que la sécurité du public est assurée. Les observations émises doivent être prises en compte par l'exploitant dans les délais imposés.

Quel est le rôle de l'agent SSIAP 1 dans ce cadre réglementaire ?

L'agent SSIAP 1 participe à l'application quotidienne de la réglementation. Il surveille, signale les anomalies, applique les consignes et contribue activement à la prévention des risques incendie.

Quelles sont les caractéristiques techniques d'une voie engins ?

Élément	Exigence
Largeur minimale	**3 mètres**
Hauteur libre	**3,50 mètres minimum**
Résistance	Supporter le passage des engins de secours
Rayon de giration	Compatible avec les véhicules incendie
Pente maximale	Compatible avec la circulation des engins
Obstacles	Aucun obstacle permanent

- Voie de 8 mètres de large au minimum comportant une chaussée utilisable dont la largeur est de :

- **3 m si** la voie engin est comprise entre 8 et 12 m
- 6 m si la voie est égale ou supérieure à 12 m

- une pente **inférieure à 15%.**
- une force portante de **160 kilonewtons** maximum pour un véhicule.
- Résistance au poinçonnement de **80KN/cm2 sur une surface de 0,20 m2.**
- **Rayon intérieur 11 m.**

- **Surlargeur de 15/R si rayon intérieur dans les virages est < 50m**
- **Hauteur libre de 3,50 m.**

VOIES ÉCHELLES

Élément	Exigence
Largeur	**4 mètres minimum**
Distance façade	Adaptée au déploiement des échelles
Pente	Compatible avec mise en station

- **Longueur** minimale de **10 mètres**.
- **Largeur** minimale de la chaussée **4 m**.
- S'il s'agit d'une **impasse**, la largeur minimale de la chaussée est de **10 m**, avec une chaussée libre de stationnement de **7 m** de large au moins.
- **La pente** maximum est ramenée à **10%.**

LES ESPACES LIBRES

sont des espaces prévus pour la mise en œuvre des engins de secours devant des bâtiments qui se trouvent en cul-de-sac ou qui ne sont pas directement accessibles depuis la voie publique.

CARACTERISTQUES :

- La plus petite dimension est de **8 m.**
- **Aucun obstacle** ne doit perturber l'écoulement régulier du public.

- ➢ Accès et mise en œuvre facile du matériel pour opérer les sauvetages et combattre le feu.
- ➢ Les issues de secours sont à moins de **60 m** de la voie engins.
- ➢ La largeur de l'accès est de :

- **1,80 m** si le bâtiment est de hauteur **H ≤ 8 m.**
- **3 m** au-delà de **8 m**.

<u>FAÇADES</u>

✓ Façades accessibles pour :

- échelles aériennes
- sauvetage
- attaque extérieure

La règle du C+D.
BUT : créer un obstacle au passage du feu d'un étage à l'autre.
C : Distance verticale entre le haut d'une baie et le bas de la baie qui lui est superposée.
D : Distance horizontale entre le plan des vitres et le nu de la plus grande saillie de l'obstacle résistant au feu.
En ERP : C + D > 1m si Masse de combustible < 130 MJ/m2
C + D > 1,30m si Masse de combustible 130 MJ/m2

Une baie accessible permet d'accéder au niveau recevant du public par les façades **dimensions minimales 0,90m x 1,30m.**

CLOISONNEMENT D'ISOLATION DES RISQUES

Pour maintenir l'incendie dans les locaux ou le feu à pris naissance ou limiter sa progression, et afin de permettre l'évacuation ou la mise à l'abri des personnes et favoriser l'extinction, trois modes de distribution intérieure sont possibles :

- **Par le cloisonnement traditionnel**
- **Par la création de secteurs**
- **Par la création de compartiments.**

Les secteurs :

La création de secteur a pour but de **renforcer le cloisonnement intérieur** du bâtiment.
Chaque niveau est divisé en autant de secteurs qu'il y a d'escaliers. Ces secteurs doivent avoir des capacités d'accueil similaires. Ils sont isolés entre eux par une paroi CF de degré 1H.
Les dimensions maximales sont les suivantes :

- Longueur : **20 mètres**
- Largeur : **40 mètres**

Ainsi, la surface totale maximale que l'on peut rencontrer pour un secteur sur un niveau est inférieure ou égale à **800 m²**.

Les compartiments :

Les compartimentages sont des volumes à l'intérieur desquels les exigences de résistance au feu relatives aux parois verticales ne sont pas imposées.

Chaque niveau comporte au **moins 2 compartiments** de même capacité d'accueil.
Ainsi, en cas d'incendie de l'un des compartiments, les occupants peuvent se réfugier dans l'autre et évacuer par les escaliers protégés.
Chaque compartiment comporte un nombre d'issue adapté à l'effectif admissible.
Le passage d'un compartiment à l'autre ne peut se faire que par :

- Bloc-porte en va-et-vient PF de même degré que la paroi qui le supporte
- Un sas avec des blocs-portes en va-et-vient et PF de degré moitié moindre que la paroi qui le supporte.

Chaque compartiment doit être désenfumé.

<u>LES LOCAUX A RISQUES</u>

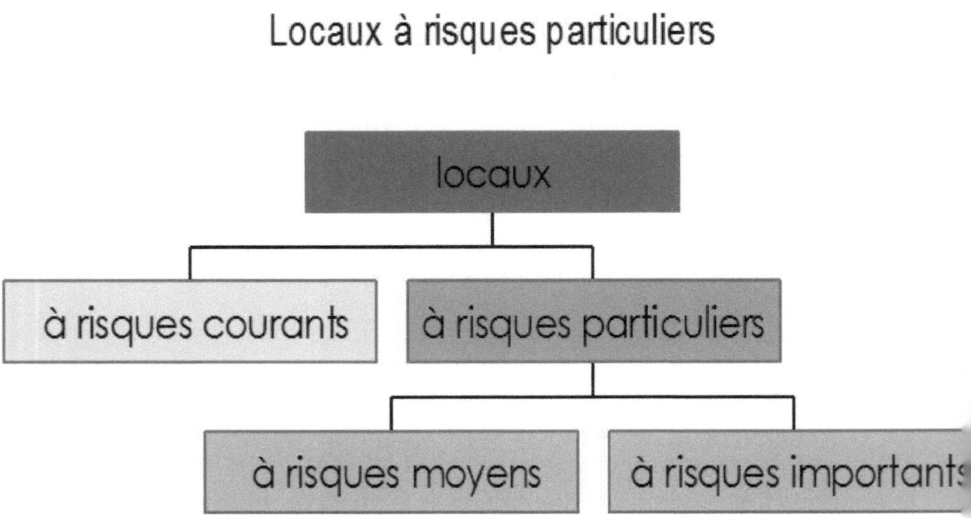

Planchers et parois CF 1h
Porte avec ferme-porte CF 1/2h

Planchers et parois CF 2h
Porte avec ferme-porte CF 1

PAROIS & PLANCHERS

Élément	Exigence
Parois séparatives	Coupe-feu ou pare-flammes selon risques
Planchers	Résistance au feu adaptée
Traversées	Calfeutrement coupe-feu obligatoire

PORTES COUPE-FEU

Élément	Exigence
Classement	CF (ou REI en classement européen)
Fermeture	Automatique obligatoire
Maintien ouvert	Autorisé uniquement avec dispositif électromagnétique
Fonctionnement	Fermeture automatique en cas d'incendie

ÉVACUATION DU PUBLIC ET DES OCCUPANTS DÉGAGEMENTS (COULOIRS, ISSUES)

Quels sont les différents dégagements ?

Les dégagements réglementaires :
Dégagement normal : dégagement comptant dans le nombre minimal de dégagement imposés. Il peut être utilisé par le public lors de l'exploitation de l'établissement.
Dégagement de secours : dégagement normal qui, pour des raisons d'exploitation, ne sera utilisé par le public qu'en cas d'évacuation.

Dégagement accessoire : dégagement qui peut être exigé en cas de mauvaise répartition des dégagements normaux.

Dégagements supplémentaires :
Dégagement supplémentaire : dégagement en surnombre par rapport aux dégagements imposés.

Largeurs minimales (unités de passage – UP)

Public	Largeur minimale
1 UP	0,90 m
2 UP	1,40 m
Par UP supplémentaire	+ 0,60 m

ESCALIERS

Élément	Exigence
Largeur	Fonction du nombre d'UP
Main courante	Obligatoire
Éclairage	Normal + sécurité
Encloisonnement	Obligatoire selon type/catégorie

DISTANCE D'ÉVACUATION

Élément	Valeur
Distance max sans choix	30 mètres
Distance max avec choix	50 mètres

DÉSENFUMAGE

OBJECTIFS TECHNIQUES

- Rendre praticables les cheminements utilisés pour l'évacuation du public
- Respirer en conservant un taux d'oxygène acceptable pendant l'évacuation
- Limiter la propagation de l'incendie et en évacuant chaleur, gaz et imbrûlés
- Faciliter l'intervention des secours.

La réglementation impose le désenfumage pour :

- les circulations verticales (escaliers)
- les circulations horizontales
- les locaux : > 100m² en sous-sol,

  > 300 m² en RdC et étages.

DEFINITIONS A CONNAITRE

Exutoire de fumée : dispositif d'évacuation des fumées et de chaleur en toiture

- ouverture 110°.
- surface 1m2.

Ouvrant de désenfumage : dispositif d'évacuation des fumées et chaleur en façade.

- ouverture 60°
- surface 1m2.

Bouche : orifice d'un conduit amenée d'air ou d'évacuation des fumées normalement obturé par un volet.
Conduit : volume fermé servant au passage d'un fluide déterminé, en matériaux de degré coupe-feu en rapport avec la stabilité du bâtiment.
Gaine : volumes encloisonnés dans lesquelles sont groupés un ou plusieurs conduits.
Trappe : dispositif d'accès mobile fermé en position normale.
Volets : dispositif actionné de sécurité consistant en un dispositif d'obturation destiné au **désenfumage**. Ils peuvent être ouverts ou fermés en position d'attente et être à commande automatique ou manuelle.
Clapet : dispositif actionné de sécurité consistant en un dispositif d'obturation destiné au **compartimentage**. Il est ouvert en position d'attente.

On appelle petit locaux, les locaux de surface **inférieure à 1000 m2.**
La surface utile des exutoires de fumée doit correspondre au **1/200ème** de la surface totale du local.
Exemple: un local de 800 m2
800 divisé par 200 = 4 m2
Un local de 800m2 devra donc avoir une surface totale d'évacuation des fumées de 4 m2.
Le dispositif de commande manuelle est situé près des accès principaux
Si le désenfumage est assuré par une extraction mécanique, les commandes manuelles peuvent être doublées par un asservissement à la détection incendie.

Les locaux d'une surface supérieure à 1000m2 sont des grands locaux.

La surface du local est découpée **en canton.**
Les écrans de cantonnement vont contenir les fumées avant qu'elles soient évacuées par les exutoires ou ouvrants.

Caractéristiques d'un canton :

-surface maximum : **1600 m2,**

- longueur maxi : **60 m,**

Caractéristiques d'un écran :

- retombée minimum **de 0,50 m**

- réalisé en matériaux **M0 et SF ¼ H.**

DÉSENFUMAGE NATUREL

Élément	Exigence
Exutoires	En partie haute
Surface utile	Adaptée à la surface du local
Commande	Automatique + manuelle
Position de sécurité	Ouverture automatique

DÉSENFUMAGE MÉCANIQUE

Élément	Exigence
Ventilateurs	Résistants à la chaleur
Commandes	CMSI + commande manuelle
Volets	DAS à sécurité positive

ÉCLAIRAGE DE SÉCURITÉ

TYPES D'ÉCLAIRAGE

Type	Rôle
Évacuation	Guidage vers sorties
Ambiance (anti-panique)	Éviter la panique

CARACTÉRISTIQUES TECHNIQUES

Élément	Exigence
Alimentation	Source autonome (BAES ou centrale)
Mise en service	Automatique en cas de coupure
Autonomie	**1 heure minimum**
Implantation	Dégagements, escaliers, sorties

L'ECLAIRAGE D'EVACUATION OU D'AMBIANCE :

Il permet la reconnaissance des obstacles, signale les issues et les cheminements et indique les changements de direction.
Il est obligatoire :

- Dans les locaux accueillant plus de **50 personnes,**
- Dans les locaux de plus de **300 m2 en RdC** et étage ou de plus de **100 m2 en sous-sol.**
- **Dans les couloirs**, les foyers lumineux ne doivent pas être distants de plus de **15 m**.
- Les indications de balisage doivent être éclairées par l'éclairage d'évacuation.

- **Les foyers lumineux** doivent avoir un flux lumineux d'au moins **45 lumens** pendant la durée de fonctionnement **1 heure**.

L'ECLAIRAGE D'AMBIANCE OU ANTI PANIQUE :

Il a pour but d'éviter ou limiter l'effet panique dans le noir, de rassurer le public et permet aux secours d'intervenir dans de bonnes conditions.

Il est obligatoire :

- Lorsque l'effectif peut atteindre **100 personnes au Rdc et en étage, 50 en sous-sol.**
- Il doit être suffisamment uniforme sur toute la surface du local pour permettre une bonne visibilité
- L'ensemble des foyers lumineux ne doit pas être éblouissant. Flux lumineux minimal de **5 lumens par m2**.
- Le rapport entre la distance de deux foyers lumineux voisins et leur hauteur doit être inférieur ou égal à 4.
- Doit fonctionner pendant au moins **1 heure**.

Pour garantir la sécurité de l'établissement, les BAES doivent être mis à l'état de repos lorsque l'installation d'éclairage normale est mise intentionnellement hors tension.
Les BAES reviennent automatiquement à l'état de veille au rétablissement de l'éclairage normal.

Quel est l'objectif principal du compartimentage ?

L'objectif principal est de **contenir l'incendie dans une zone limitée**. En ralentissant la propagation du feu, le compartimentage réduit les risques pour les personnes et limite les dégâts matériels. Il joue un rôle essentiel dans la sécurité des ERP et des IGH.

Quels éléments participent au compartimentage ?

Le compartimentage est assuré par :

- les murs et planchers coupe-feu,
- les portes coupe-feu,
- les clapets coupe-feu dans les gaines,
- les parois résistantes au feu.
  Ces éléments doivent être en bon état et jamais neutralisés.

Qu'est-ce que le cloisonnement ?

Le cloisonnement est un moyen de **séparation interne des locaux** par des parois résistantes au feu. Il participe au compartimentage en empêchant la propagation rapide des flammes et des fumées d'un local à un autre.

Quelle est la différence entre cloisonnement et compartimentage ?

Le cloisonnement concerne la séparation des **locaux entre eux**, tandis que le compartimentage concerne la **division globale du bâtiment** en volumes de sécurité. Les deux sont complémentaires et essentiels à la protection des personnes.
Pourquoi les portes coupe-feu sont-elles essentielles ?
Les portes coupe-feu empêchent la propagation du feu et des fumées lorsqu'elles sont **fermées**. Elles doivent rester libres de tout obstacle et ne jamais être maintenues ouvertes sans dispositif réglementaire. Une porte coupe-feu bloquée perd toute efficacité.

Qu'appelle-t-on les dégagements dans un ERP ?

Les dégagements sont les **cheminements permettant l'évacuation** du public : couloirs, circulations, escaliers, sorties. Ils doivent être en nombre suffisant, correctement dimensionnés et toujours praticables pour assurer une évacuation rapide et sûre.

Pourquoi les dégagements doivent-ils être maintenus libres en permanence ?

Tout obstacle dans un dégagement ralentit l'évacuation et peut provoquer des chutes ou des mouvements de panique.

Les dégagements encombrés constituent une **anomalie grave** que l'agent SSIAP 1 doit signaler immédiatement.
Qu'est-ce qu'un dégagement protégé ?

Un dégagement protégé est un cheminement conçu pour être **à l'abri des fumées et des flammes** pendant un temps suffisant. Il est souvent encloisonné et équipé de dispositifs de désenfumage afin de garantir des conditions d'évacuation acceptables.

Quel est le rôle des escaliers dans l'évacuation ?

Les escaliers permettent l'évacuation verticale des occupants. Ils doivent être dimensionnés, protégés et clairement signalés. Dans les bâtiments à plusieurs niveaux, ils sont essentiels pour assurer une évacuation rapide et ordonnée.

Pourquoi les escaliers doivent-ils être protégés contre les fumées ?

Les fumées montent naturellement par convection. Si un escalier est envahi de fumées, il devient inutilisable. La protection des escaliers garantit un chemin d'évacuation praticable et sécurisé pour les occupants et les secours.

Qu'est-ce que l'évacuation du public ?

L'évacuation du public consiste à **faire sortir rapidement et en sécurité l'ensemble des occupants** d'un établissement vers l'extérieur ou vers une zone protégée, en cas d'incendie ou de danger imminent. Elle doit être organisée, ordonnée et adaptée à la configuration des lieux.

Quel est l'objectif principal de l'évacuation ?

L'objectif principal est la **sauvegarde des vies humaines**. L'évacuation doit permettre d'éloigner les personnes du danger avant que les fumées, la chaleur ou la panique ne rendent la situation incontrôlable.

Pourquoi l'évacuation est-elle prioritaire sur l'extinction ?

L'évacuation est prioritaire car un incendie évolue rapidement et devient vite dangereux. La protection des personnes passe avant la sauvegarde des biens. L'extinction n'est envisagée que si elle peut être réalisée sans mise en danger.

Quelles sont les difficultés liées à l'évacuation du public ?

Les difficultés peuvent être :

- la panique,
- la méconnaissance des lieux,

- la présence de personnes à mobilité réduite,
- la fumée et le manque de visibilité.
  Ces facteurs rendent indispensable une organisation rigoureuse.

Quel est le rôle du personnel dans l'évacuation ?

Le personnel doit **guider, rassurer et orienter le public** vers les sorties. Il applique les consignes de sécurité et participe activement à l'évacuation sous l'autorité du responsable de l'établissement ou du service de sécurité.

Quel est le rôle spécifique de l'agent SSIAP 1 lors d'une évacuation ?

L'agent SSIAP 1 déclenche l'alerte si nécessaire, applique les consignes, facilite l'évacuation, empêche les retours en arrière et rend compte de la situation. Il agit avec calme et autorité, sans se mettre en danger.

Les Moyens de Secours

Quels sont les moyens de secours ?
Les moyens de secours peuvent comporter :
-des moyens d'extinction
-des dispositions visant à faciliter l'action des sapeurs-pompiers
-un service de sécurité incendie ;
-un système de sécurité incendie (SSI)

Les moyens d'extinction

Qu'est-ce qu'une bouche ou un poteau d'incendie privé ?
Ce sont des **points d'eau implantés sur une propriété privée**, destinés à l'usage des **sapeurs-pompiers** pour l'alimentation des engins incendie.

Quelle est la différence avec les poteaux publics ?

- **Publics** : gérés par la collectivité
- **Privés** : à la charge de l'exploitant de l'ERP

Quel débit minimal doit fournir un poteau ou une bouche incendie ?
60 m³/h minimum, sous une pression réglementaire.

Quelle est la distance maximale entre un ERP et un point d’eau incendie ?
200 mètres maximum (variable selon type et catégorie).

Qu’est-ce qu’un point d’eau incendie ?
Un point d’eau est une **ressource utilisable par les secours**

- bassin,
- citerne,
- réserve naturelle aménagée.

Qui est responsable de leur entretien ?

L’exploitant de l’établissement pour les dispositifs privés.

Les extincteurs sont-ils obligatoires dans tous les ERP ?

Tous les ERP doivent être équipés d’**extincteurs portatifs adaptés aux risques**.

Quel est le nombre minimal d’extincteurs exigé ?

Au minimum 1 extincteur pour 200 m²,
1 extincteur par niveau,
avec **au moins un extincteur à eau pulvérisée de 6 litres**.
Quels types d’extincteurs peut-on trouver en ERP ?

- Eau pulvérisée (avec ou sans additif)
- CO_2
- Poudre polyvalente

Il existe des extincteurs à pression permanente ou auxiliaire.

Quelles sont les caractéristiques d'un extincteur à eau pulvérisée ?

- Capacité : **6 litres minimum**
- Classes de feu : **A et B**
- Utilisation principale : feux de matériaux solides

Quand utilise-t-on un extincteur CO_2 ?

- Sur les **feux électriques**,
- Sur les feux de liquides inflammables,
- Dans les locaux informatiques.

Pourquoi les extincteurs doivent-ils être visibles et accessibles ?

Parce qu'un extincteur **inaccessible ou mal signalé est inutile en situation d'urgence**.

Comment utilise-t-on un extincteur ?

Les extincteurs à eau :

- Peuvent être à pression permanente ou auxiliaire

Reconnaissable par la couleur bleue située au niveau :

- de la poignée
- de l'embout
- de la goupille

Distance d'emploi : **2 à 3 mètres**

Les extincteurs à poudre :

- Peuvent être à pression permanente ou auxiliaire

Reconnaissable par la couleur jaune située au niveau :

- de la poignée
- de l'embout
- de la goupille

Distance d'emploi : **3 à 4 mètres**

Les extincteurs CO2 :

Ils sont toujours, par nature, à pression permanente
Reconnaissable à leur tromblon
Nous l'avons vu, la température de sortie du CO2 est de –78°C, il ne faut donc pas toucher au tromblon ou au fond de l'appareil car leur température peut descendre à –50°C : risque de brûlures graves provoquées par le froid
Distance d'emploi : **de 0,50 à 1 mètre.**

Qu'est-ce qu'un RIA ?

Un **Robinet d'Incendie Armé** est un moyen fixe de première intervention, alimenté en eau, permettant une **attaque immédiate et prolongée du feu**.

Les RIA sont-ils obligatoires dans tous les ERP ?

Non.
Ils sont imposés dans les ERP à **risques particuliers**, grandes surfaces ou locaux techniques.

Quels sont les diamètres réglementaires des RIA ?

- **DN 19**
- **DN 25**
- **DN 33**

Quelle pression minimale doit être assurée au RIA ?
2,5 bars minimum à la lance, en fonctionnement.

Quelle est la longueur maximale du tuyau ?
30 mètres, permettant de couvrir l'ensemble de la zone à défendre.

Qu'est-ce qu'une colonne sèche ?

Une **canalisation verticale vide**, destinée à être alimentée par les sapeurs-pompiers pour desservir les étages.

Quand une colonne sèche est-elle obligatoire en ERP ?

Lorsque le plancher bas du dernier niveau est **supérieur à 18 mètres**.

Quelles sont les caractéristiques techniques d'une colonne sèche ?

- Diamètre : **100 mm**
- Raccords normalisés **DSP**
- Prises d'eau à chaque niveau

Qu'est-ce qu'une colonne en charge ?
Une colonne en charge est **toujours remplie d'eau sous pression**, immédiatement utilisable sans alimentation extérieure.

Les colonnes en charge sont-elles courantes en ERP ?

Non.
Elles sont principalement utilisées en **IGH** ou ERP très complexes.

Qu'est-ce qu'une IFEA ?

Une **Installation Fixe d'Extinction Automatique** est un système qui **détecte et éteint automatiquement un incendie**, sans intervention humaine.

Détail du processus

Lorsqu'un incendie éclos, les fumées dégagées s'élèvent par convection et s'accumulent sous le plafond.
Les têtes situées au-dessus du sinistre subissent la hausse de température.
Les ampoules ou fusibles, qui maintiennent les têtes de sprinklers fermés, sont conçus pour se rompre à une certaine température.
L'eau sous pression à l'intérieur des canalisations, est libérée et arrose ainsi la zone enflammée.
La chute de pression due à la rupture de la tête va conduire à l'ouverture du poste de contrôle (ce qui va donner l'alarme) et à l'activation des pompes.

Explication :
La pression de fonctionnement est de 8 bars. Si une tête éclate, l'indicateur de passage d'eau envoie une alarme

restreinte au PC. Le clapet bascule, le gong est actionné. Lorsque la pression chute à 7,5 bars la pompe jockey démarre automatiquement. Si elle ne peut compenser la chute de pression jusqu'à 8 bars le surpresseur A démarre automatiquement. Il alimentera 5 têtes pendant ½ h. Passé ce délai et dès que la source A est épuisée, le sur presseur B prend le relais automatiquement et alimente l'ensemble de la surface impliquée pendant 90 mn. L'arrêt de ce sur presseur ne peut se faire que sur ordre des pompiers.

Quelle est la composition du poste de contrôle ?

Le poste de contrôle a pour but :

- De donner l'alarme suite à l'écoulement d'eau (gong hydraulique).
- D'interrompre le débit d'eau (vanne d'arrêt)
- De vidanger l'installation (vanne de vidange).

Composition :

- Une vanne d'arrêt.
- Un clapet d'alarme.
- Deux manomètres placés en amont et en aval.
- Une turbine hydraulique entraînant la cloche d'alarme.
- Une vanne de vidange et une vanne d'essai de la cloche d'alarme.

- Éventuellement, un accélérateur.

Les postes sont installés dans le local sprinkler.
1 poste : alimente 1000 têtes soit 9000 m2 au maximum.

Quels sont les principaux types d'IFEA ?

- **Sprinklers**
- **Brouillard d'eau**
- **Gaz extincteurs** (CO_2, inertes)
- **Mousse**

Dans quels ERP les IFEA sont-elles obligatoires ?

Dans les ERP à **forts risques** :

- centres commerciaux,
- parkings couverts,
- locaux de stockage,
- locaux techniques sensibles.

Quel est l'avantage majeur des IFEA ?

Elles permettent une **extinction très précoce**, souvent avant l'arrivée des secours.

Qu'est-ce qu'un déversoir ponctuel ?

Un dispositif permettant **l'évacuation rapide de l'eau** utilisée lors de la lutte contre l'incendie.

Pourquoi les déversoirs sont-ils nécessaires ?
Pour éviter :

- l'inondation des locaux,
- les dommages structurels,
- les risques électriques.

Dans quels locaux trouve-t-on des déversoirs ponctuels ?

- parkings couverts,
- locaux techniques,
- zones à forte projection d'eau.

Que sont les éléments de construction irrigués ?
Des **éléments du bâtiment protégés par un arrosage permanent ou automatique** afin de retarder leur échauffement ou leur effondrement.

Quel est l'objectif de l'irrigation des structures ?

- Retarder la montée en température
- Maintenir la stabilité
- Protéger les cheminements d'évacuation

Dans quels cas sont-ils utilisés ?
Dans les ERP à :

- structures métalliques,
- risques thermiques importants.

Quels sont les moyens d'extinction dits "divers" ?

- sable,
- seaux,
- pelles,
- couvertures anti-feu.

Dans quels cas utilise-t-on ces moyens ?
Pour les **petits départs de feu**, notamment :

- feux de liquides,
- feux de métaux,
- zones à risque spécifique.

Ces moyens remplacent-ils les extincteurs ?
Non.
Ils sont **complémentaires** et adaptés à des situations ciblées.

Quel est le rôle de l'agent SSIAP concernant les moyens d'extinction ?
Il doit :

- connaître leur **implantation**,
- vérifier leur **accessibilité**,
- signaler toute **défaillance**,

- savoir **les utiliser en sécurité**.

Qu'est-ce qu'un tour d'incendie ?

Les tours d'incendie sont des escaliers protégés facile d'accès pour les secours venant de l'extérieur.
Ils doivent, de préférence, être droits et desservir tous les niveaux, comporter en partie haute un accès direct vers l'extérieur.
Ces tours sont munies de colonne sèche ou humide pour permettre aux SP d'attaquer le feu.

Qu'est-ce qu'une trémie d'attaque ?

Ce sont des ouvertures dans un plancher permettant l'attaque d'un sinistre localisé dans un local non accessible au public et dont les accès sont insuffisants.
Elles doivent être fermées par des tampons étanches de même résistance que le plancher, susceptibles d'être enlevées rapidement.
Les trémies doivent avoir **0,60 m** de côté ou de diamètre et être espacées de **20 m.**
Leurs abords doivent rester toujours dégagés

Quelle est la fréquence de vérification des moyens de secours ?

Les moyens de secours sont vérifiés annuellement sauf exception.

Qu'est-ce qu'un service de sécurité incendie en ERP ?
C'est une **organisation humaine et matérielle** chargée d'assurer la **prévention, la surveillance et l'intervention** en cas d'incendie.

Le service de sécurité incendie est-il obligatoire dans tous les ERP ?
Non.
Il est obligatoire **dans certains ERP**, en fonction :

- du type,
- de la catégorie,
- des risques particuliers.

Quels personnels composent un service de sécurité incendie ?

- Agents SSIAP 1
- Chef d'équipe SSIAP 2
- Chef de service SSIAP 3 (si requis)

Quelles sont les missions principales du service de sécurité incendie ?

- Prévention des incendies
- Surveillance des installations
- Application des consignes

- Intervention sur départ de feu
- Accueil et guidage des secours

Quel est le rôle de l'agent SSIAP 1 ?

Il assure :

- la **surveillance quotidienne**,
- les **rondes de sécurité**,
- la **première intervention**,
- l'alerte et l'assistance aux secours.

Pourquoi la présence humaine est-elle essentielle malgré les équipements automatiques ?

Parce qu'un agent peut :

- analyser une situation,
- agir rapidement,
- guider le public,
- adapter la réponse à l'événement.

Qu'est-ce que le poste de sécurité incendie ?

Un local centralisé où sont regroupés :

- les commandes du SSI,
- les informations incendie,
- les moyens de communication.

Pourquoi le poste de sécurité doit-il être accessible aux sapeurs-pompiers ?

Pour leur permettre de :

- prendre le commandement,
- accéder aux informations techniques,
- piloter les dispositifs de sécurité.

Comment le service de sécurité incendie facilite-t-il l'action des secours ?

En :

- transmettant les informations essentielles,
- guidant les secours dans l'établissement,
- signalant les risques particuliers.

Quel document est essentiel pour la liaison avec les sapeurs-pompiers ?

Le **registre de sécurité**, qui retrace :

- les vérifications,
- les anomalies,
- les interventions.

PARTIE 3 – INSTALLATIONS TECHNIQUES DE SÉCURITÉ

Installations électriques

Quel est le risque principal des installations électriques en ERP ?

Les installations électriques peuvent être à l'origine :

- de courts-circuits,
- d'échauffements anormaux,
- d'arcs électriques,
- d'incendies par surcharge ou défaut d'isolement.

Qu'est-ce qu'une AES (Alimentation Électrique de Sécurité)

Une AES est une alimentation électrique indépendante de la source normale, destinée à maintenir en fonctionnement les équipements de sécurité incendie en cas de coupure.

Définitions :

Source normale :
Branchement normal sur secteur, alimenté par les services EDF (ou autre), lors de l'exploitation de l'établissement. Elle assure l'alimentation normale.
Source de remplacement :
Source délivrant l'énergie électrique permettant de poursuivre l'exploitation de l'établissement en cas de

défaillance de la source normale. Elle assure l'alimentation de remplacement.

Source de sécurité :

Source prévue pour maintenir le fonctionnement des équipements concourant à la sécurité contre les risques incendie en cas de défaillance de la source normale/remplacement.

En particulier, cette source ne réalimente pas l'éclairage normal. En cas de défaillance de l'éclairage normal, l'évacuation de l'établissement s'impose.

On appelle **Alimentation Électrique de Sécurité** (AES) l'énergie provenant de cette source.

Alimentation Électrique de Sécurité

Dispositif qui fournit l'énergie nécessaire au fonctionnement des installations de sécurité afin de leur permettre d'assurer leur fonction.

L'autonomie des sources de sécurité doit être suffisante pour alimenter les installations de sécurité pendant au **moins une heure six heures pour les locaux à sommeil.**

L'alimentation électrique est fournie :

- Soit par des batteries d'accumulateur
- Soit par des groupes électrogènes

Les groupes électrogènes et les batteries d'accumulateur doivent être placés dans des locaux de service électrique dont l'accès est réservé.

De plus ces locaux doivent être :

- Largement ventilés vers l'extérieur

- Identifiés par une pancarte et facile d'accès aux services de secours
- Dotés des moyens de secours adaptés au risque électrique
- Disposent d'un BAPI (Bloc Autonome Portable d'Intervention)

Dans le cas de batteries d'accumulateur, elles asserviront :

- Les systèmes d'alarme et d'alerte
- Tout ou partie de l'éclairage de remplacement
- Tout ou partie de l'éclairage de sécurité des locaux non accessible au public
- Les télécommunications et signalisation de sécurité
- Les équipements de désenfumage de faible puissance
- Les installations de détection automatique
- les circuits électriques de l'I.F.E.A.

Dans le cas des groupes électrogène, ils asserviront les mêmes équipements que les batteries, plus :

- les sur presseurs d'incendie
- les compresseurs d'air des I.E.A.
- les installations nécessaires à la remise à niveau d'évacuation des ascenseurs

- les équipements de désenfumage
- les pompes de réalimentation en eau

Quels équipements doivent être alimentés par une AES ?

Notamment :

- SSI (CMSI, détecteurs, alarmes),
- désenfumage mécanique,
- éclairage de sécurité centralisé,
- ascenseurs prioritaires (si prévus),
- installations fixes d'extinction automatique.

Quelle est la durée minimale de fonctionnement d'une AES

1 heure minimum pour les équipements de sécurité incendie (durée réglementaire de référence en ERP).

Pourquoi l'AES est-elle essentielle en cas d'incendie ?

Parce qu'un incendie provoque souvent :

- une coupure de courant,
- la perte des équipements de sécurité,
  l'AES garantit la continuité de la sécurité.

Installations fixes d'extinction automatique (ifea)

Des questions réponses ont déjà été développées dans la partie sur les moyens de secours

Qu'est-ce qu'une IFEA ?

Une Installation Fixe d'Extinction Automatique est un système capable de :

- détecter,
- déclencher,
- éteindre ou maîtriser un incendie automatiquement.

Quels sont les principaux types d'IFEA en ERP ?

- sprinklers,
- brouillard d'eau,
- mousse,
- gaz extincteurs.

Qu'est-ce que le poste de contrôle sprinkler ?

C'est l'élément central qui permet :

- la mise en eau du réseau,
- le contrôle de l'installation,
- la signalisation du déclenchement.

Quelles sont les sources d'alimentation en eau d'un sprinkler ?

Deux sources obligatoires :

- Source A : alimentation principale (réseau public ou réserve dédiée)
- Source B : alimentation de secours (réserve, bassin, surpresseur)

Pourquoi faut-il deux sources d'eau ?

Pour garantir la continuité de l'extinction, même en cas de défaillance d'une source.

Quel est le rôle de la pompe principale ?

- fournir le débit et la pression nécessaires à l'extinction,
- alimenter les têtes sprinklers ouvertes.

Qu'est-ce qu'une pompe jockey ?

Une pompe jockey est une petite pompe destinée à :

- maintenir la pression permanente du réseau,
- compenser les micro-fuites,

- éviter les démarrages intempestifs de la pompe principale.

La pompe jockey déclenche-t-elle l'extinction ?

Non.
Elle ne sert qu'au maintien de pression, pas à l'extinction.

Quelle est la pression permanente dans un réseau sprinkler ?

Une pression suffisante pour maintenir le réseau en charge permanente, variable selon l'installation, mais constamment surveillée.

Comment fonctionne une tête sprinkler ?

Elle s'ouvre individuellement sous l'effet de la chaleur, libérant l'eau directement au-dessus du foyer.

Quelle surface couvre une tête sprinkler ?

En moyenne 9 à 12 m^2 par tête, selon la conception et le risque.

Les têtes sprinklers se déclenchent-elles toutes en même temps ?

Non.
Seules les têtes exposées à la chaleur se déclenchent.
Que représente la couleur de l'ampoule d'un sprinkler ?

La température de déclenchement.

Correspondance couleurs / températures

Couleur de l'ampoule	Température de déclenchement
Orange	**~57 °C**
Rouge	**~68 °C**
Jaune	**~79 °C**
Vert	**~93 °C**
Bleu	**~141 °C**

Pourquoi choisir une température adaptée ?

Pour éviter :
- les déclenchements intempestifs,
- un déclenchement trop tardif.

Que doit faire l'agent SSIAP lors du déclenchement d'un sprinkler ?

- ne pas arrêter l'installation sans ordre,
- sécuriser la zone,
- alerter les secours,
- guider les sapeurs-pompiers.

Ascenseurs et nacelles

Pourquoi les ascenseurs représentent-ils un danger en cas d'incendie ?

Parce qu'ils présentent plusieurs risques majeurs :

- **enfumage de la gaine** (effet cheminée),
- **panne électrique**,
- **blocage des occupants**,
- **arrêt à un niveau sinistré**.

Définitions

Les ascenseurs :
Sont des moyens de transports verticaux réservés aux personnes pour aller d'un niveau à un autre.
Les monte-charges :
Sont réservés pour la translation d'objets et de matériaux en différents niveaux de l'établissement
Nacelle :
C'est une plate-forme suspendue destinée à accueillir des personnes pour des travaux sur les façades.

La PEMP (plate-forme élévatrice mobile de personnes) :
C'est un matériel conçu pour l'élévation d'une personne. Utilisé pour les travaux en hauteu

Les ascenseurs sont-ils autorisés pour l'évacuation du public ?

NON
Les ascenseurs **ne doivent jamais être utilisés par le public** pour évacuer en cas d'incendie.

Que se passe-t-il automatiquement sur un ascenseur en cas d'incendie ?

Lors d'un déclenchement incendie, l'ascenseur :

- est **mis hors service**,
- est **renvoyé à un niveau prédéfini** (souvent le niveau d'accès),
- devient **inutilisable par le public**.

Pourquoi parle-t-on de "niveau de rappel" de l'ascenseur ?
Parce que l'ascenseur est automatiquement **rappelé à un étage sécurisé**, afin d'éviter qu'il ne reste bloqué dans une zone dangereuse.

Les portes d'ascenseurs doivent-elles être protégées ?
Oui.
Les portes palières doivent :

- limiter le passage des fumées,
- être intégrées dans un **cloisonnement adapté**,

- ne pas constituer une voie de propagation.

Quel est le rôle de l'agent SSIAP concernant les ascenseurs
Il doit :

- **interdire leur utilisation,**
- **orienter le public vers les escaliers,**
- **vérifier leur mise hors service,**
- **informer les secours.**

Peut-on utiliser un ascenseur pour aider une personne à mobilité réduite en cas d'incendie ?

NON
Sauf ascenseur **spécialement conçu pour l'évacuation incendie**, ce qui est très encadré.

ASCENSEURS SPÉCIAUX

Existe-t-il des ascenseurs utilisables par les secours ?

Oui, dans certains établissements :

- **ascenseurs prioritaires,**
- **ascenseurs pompiers** (principalement en IGH).

Qui peut utiliser un ascenseur pompier ?

Uniquement les sapeurs-pompiers, jamais le public.

Pourquoi l'ascenseur pompier n'est-il pas au programme ERP courant ?

Parce qu'il concerne surtout :

- les **IGH**,
- les bâtiments complexes à grande hauteur.

NACELLES (ÉLÉVATEURS, PLATEFORMES)

Qu'appelle-t-on "nacelle" en sécurité incendie ?
Une nacelle est un **dispositif élévateur** (plateforme, élévateur mobile) utilisé pour :

- l'entretien,
- les travaux,
- parfois l'accès en hauteur.

Les nacelles peuvent-elles être utilisées en cas d'incendie ? NON

Les nacelles ne sont **pas des moyens d'évacuation**.

Pourquoi les nacelles sont-elles dangereuses en cas d'incendie ?

- dépendance à l'électricité,
- instabilité,
- exposition directe aux flammes et fumées,
- absence de protection coupe-feu.

Quelle est la règle concernant les nacelles en situation incendie ?

Arrêt immédiat de l'utilisation
Mise en sécurité du personnel
Évacuation par les moyens réglementaires

Qu'est-ce qu'un Système de Sécurité Incendie (SSI) ?

Le SSI est un **ensemble coordonné de matériels** permettant de détecter un incendie, de donner l'alarme, de mettre en sécurité le bâtiment et d'assister l'intervention humaine. Il est indispensable dans de nombreux ERP et IGH.

Le S.S.I
Est constitué de l'ensemble des matériels servant à **COLLECTER** toutes les informations ou ordres liées uniquement à la sécurité incendie, à les **TRAITER** et à **EFFECTUER** les fonctions de mise en sécurité de l'établissement.

Les SSI sont mis en place dans les bâtiments, lorsque la réglementation l'exige suivant le type d'activité.

Il existe **5 catégories de SSI** : **A, B, C, D, E**, du plus complexe au plus simple.

Dans les IGH, l'installation d'un SSI de catégorie A est obligatoire.

Quels sont les deux grands ensembles du SSI ?

Le SSI comprend :

- le **SDI** (Système de Détection Incendie),

- le **SMSI** (Système de Mise en Sécurité Incendie).
  Ces deux ensembles travaillent conjointement pour assurer la sécurité.

Qu'est-ce que le Système de Détection Incendie (SDI) ?

Le SDI est la partie du SSI chargée de **détecter automatiquement ou manuellement un incendie**. Il comprend les détecteurs automatiques et les déclencheurs manuels, reliés à une centrale (ECS équipement de contrôle et de signalisation).

L'ECS comporte des signalisations visuelles :

- VERT Voyant sous tension
- FEU Voyant feu
- ORANGE Voyant dérangement / mise hors tension d'une zone

Quels sont les différents types de détecteurs incendie ?

On distingue principalement :

- les détecteurs de fumée,
- les détecteurs de chaleur,
- les détecteurs de flamme.
  Le choix dépend du type de risque et de l'environnement.

Qu'est-ce qu'un déclencheur manuel ?

Un déclencheur manuel est un dispositif permettant à une personne de **donner l'alerte incendie manuellement** en cas de départ de feu. Il est facilement identifiable et accessible au public et au personnel.

- Situés à chaque niveaux à proximité des sorties ou escaliers,
- Fixé à environ 1,30m du sol
- Accessible à toutes personnes
- de couleur rouge.

Qu'est-ce que l'alarme incendie ?

L'alarme incendie est un **signal sonore et/ou visuel** destiné à avertir les occupants d'un danger afin de déclencher l'évacuation. Elle doit être audible dans l'ensemble des zones concernées.

Quelle est la différence entre alarme restreinte et alarme générale ?

L'alarme restreinte informe uniquement le personnel désigné, tandis que l'alarme générale est destinée à **l'ensemble du public et des occupants** afin de déclencher l'évacuation.

Q'est-ce qu'une alarme sélective ?

Une **alarme sélective** est une alarme incendie qui **n'est pas destinée au public**, mais uniquement à un **personnel désigné** chargé de vérifier la situation avant un éventuel déclenchement de l'évacuation générale.

Qu'est-ce que le CMSI ?

Le **Centralisateur de Mise en Sécurité Incendie (CMSI)** est l'organe central du SSI. Il reçoit les informations du SDI et commande automatiquement ou manuellement les dispositifs de mise en sécurité.

Quels dispositifs sont pilotés par le CMSI ?

Le CMSI peut commander :

- le désenfumage,
- la fermeture des portes coupe-feu,
- l'arrêt des ascenseurs,
- la diffusion de l'alarme.
  Il coordonne la mise en sécurité du bâtiment.

Qu'est-ce que l'US (Unité de Signalisation) ?

L'**US** est l'interface du CMSI permettant :

- l'**affichage des informations**,
- la **signalisation des états** (repos, alarme, défaut),
- les **commandes manuelles**.

C'est la partie **visible et exploitable par l'agent SSIAP**.

- Rouge fixe : un ou plusieurs DAS sont en position de sécurité.
- Rouge clignotant : Les DAS ne sont pas en position de sécurité
- Orange Fixe : dérangement, cour-circuit, coupure
- Orange Clignotant : un ou plusieurs DAS ont quitté leurs position d'attente sans ordre
- Vert fixe : Les DAS sont en position d'attente

Qu'est-ce que l'UGCIS ?

L'**UGCIS (Unité de Gestion Centralisée des Issues de Secours)** est une unité du CMSI qui **commande le déverrouillage des issues de secours**.

Quel est le rôle de l'UGCIS en cas d'incendie ?

Elle permet :

- le **déverrouillage automatique des portes**,
- la **libération des cheminements d'évacuation**,
- la sécurité du public.

Qu'est-ce que l'UCMC ?

L'**UCMC (Unité de Commande Manuelle Centralisée)** permet le **pilotage manuel de certaines fonctions de sécurité** par l'exploitant ou l'agent SSIAP.

Dans quels cas utilise-t-on l'UCMC ?

- lors d'une **intervention humaine**,
- en cas de **gestion progressive de l'évacuation**,
- pour **forcer certaines commandes** si nécessaire.

Peut-on trouver d'autres unités dans un CMSI ?

Oui, selon la configuration du SSI :

- unités de désenfumage,
- unités de compartimentage,
- interfaces avec installations techniques.

Que signifie DAC ?

DAC = Dispositif Adaptateur de Commande

Quel est le rôle d'un DAC ?

Le DAC est un **interface électrique** qui permet au CMSI de **commander un Dispositif Actionné de Sécurité (DAS)**.

Il adapte le signal du CMSI au dispositif commandé.

Le DAC agit-il directement sur la sécurité ?

Non.
Le DAC **ne fait qu'assurer la transmission de l'ordre**.
C'est le **DAS** qui agit physiquement.

Où se situent généralement les DAC ?

- dans les **armoires techniques**,
- à proximité des DAS,
- intégrés ou non au CMSI.

Que signifie DAS ?

DAS = Dispositif Actionné de Sécurité

Qu'est-ce qu'un DAS ?

Un DAS est un **équipement qui agit physiquement** pour assurer la sécurité incendie, sur ordre du CMSI.

Quels sont les principaux DAS rencontrés en ERP ?

- portes coupe-feu,
- clapets coupe-feu,
- volets de désenfumage,
- ouvrants de désenfumage,
- dispositifs de déverrouillage des portes.

Que se passe-t-il en cas de déclenchement incendie ?

Le détecteur → informe le SDI
Le CMSI → commande le DAC
Le DAC → alimente le DAS
Le DAS → agit (ferme, ouvre, coupe...)

Comment les DAS sont-ils maintenus en position normale

Généralement par :

- **énergie électrique**,
- **électroaimant**,
- ou système pneumatique.

Que se passe-t-il en cas de coupure d'énergie ?

Les DAS se mettent en **position de sécurité** (principe de sécurité positive).

Qu'est-ce qu'une UGA ?

Une **Unité de Gestion d'Alarme (UGA)** est un équipement chargé de gérer la diffusion de l'alarme incendie dans les différentes zones du bâtiment, selon les scénarios prévus.

Quel est le rôle de l'agent SSIAP 1 face au SSI ?

L'agent SSIAP 1 doit connaître le fonctionnement général du SSI, savoir **interpréter les informations**, effectuer les levées de doute et appliquer les consignes sans jamais neutraliser un dispositif de sécurité.

Que signifie "niveaux d'accès du SSI" ?

Les **niveaux d'accès du Système de Sécurité Incendie (SSI)** correspondent aux **droits d'utilisation** accordés aux différentes personnes autorisées à intervenir sur le système, selon leur **fonction et leur responsabilité**.

Pourquoi existe-t-il plusieurs niveaux d'accès au SSI ?

Pour :

- **éviter les manipulations dangereuses**,
- garantir la **fiabilité du système**,

- réserver certaines actions aux **personnes compétentes**.

Combien existe-t-il de niveaux d'accès au SSI ?

Il existe **3 niveaux d'accès** au SSI :

- **Niveau 1**
- **Niveau 2**
- **Niveau 3**

À qui est destiné le niveau 1 du SSI ?

Au **personnel d'exploitation** et aux **agents SSIAP**, notamment l'agent SSIAP 1.

Quelles actions sont autorisées au niveau 1 ?

- Lecture des informations (alarme, défaut)
- Acquittement des signaux sonores
- Réarmement simple après levée de doute
- Commandes prévues par les consignes

Le niveau 1 permet-il de modifier la programmation du SSI

Non.
Le niveau 1 ne permet **aucune modification technique** du système.

À qui est destiné le niveau 2 du SSI ?

- Personnel de maintenance qualifié
- Responsable sécurité
- Chef d'équipe SSIAP 2 (selon organisation)

Quelles actions sont autorisées au niveau 2 ?

- Mise hors service temporaire d'une zone
- Essais fonctionnels
- Tests des détecteurs et des DAS
- Paramétrages limités

Le niveau 2 est-il accessible à l'agent SSIAP 1 ?

Non, sauf **autorisation exceptionnelle et formation spécifique**.

À qui est réservé le niveau 3 du SSI ?

Aux **installateurs**, **fabricants** ou **techniciens spécialisés** agréés.

Quelles opérations sont possibles au niveau 3 ?

- Programmation complète du SSI
- Modification des scénarios de mise en sécurité
- Configuration des zones et des DAS

- Paramétrage du CMSI

Pourquoi le niveau 3 est-il strictement protégé ?

Parce qu'une erreur de programmation peut :

- empêcher l'évacuation,
- bloquer le désenfumage,
- mettre en danger les personnes.

PARTIE 4 – RÔLES ET MISSIONS DE L'AGENT SSIAP 1

Le service de sécurité incendie

Qu'est-ce qu'un service de sécurité incendie ?

Un service de sécurité incendie est une **organisation humaine et technique** mise en place dans certains ERP et IGH afin d'assurer la prévention des risques d'incendie, la protection des personnes et l'intervention en cas de sinistre. Il fonctionne selon des règles précises définies par la réglementation.

Qui compose un service de sécurité incendie ?

Suivant le type, la catégorie et les caractéristiques des ERP, le service de sécurité est assuré :

- **Soit par des personnes désignées** par le chef d'établissement spécialement entraînées à la manœuvre des moyens de secours
- Soit par des agents de sécurité incendie
- Soit par des Sapeurs-Pompiers.
- L'effectif d'un service sécurité doit comprendre au moins 3 personnes :

1 chef d'équipe,
2 agents de sécurité

- **Cet effectif doit être adapté** selon l'importance de l'établissement.

- Un chef d'équipe et un agent doivent toujours être disponible (non détournés de leurs missions incendie).

Quelles sont les missions principales du service de sécurité incendie ?

- prévention des risques,
- surveillance des installations,
- application des consignes,
- intervention sur départ de feu,
- accueil et guidage des secours.

Quel est le rôle spécifique de l'agent SSIAP 1 ?

L'agent SSIAP 1 assure :

- les **rondes de sécurité**,
- la **surveillance quotidienne**,
- la **première intervention**,
- l'alerte et l'assistance aux secours.

Que sont les consignes de sécurité incendie ?

Les consignes sont des **instructions écrites** définissant les **actions à mener en cas d'incendie**.

Quels types de consignes existe-t-il en ERP ?

- consignes **générales**,
- consignes **particulières**,
- consignes **spécifiques à certains locaux**.

Que doivent contenir les consignes de sécurité ?

- procédures d'alerte,
- modalités d'évacuation,
- rôles du personnel,
- moyens de secours disponibles.

Qu'est-ce que la main courante ?

La main courante est un **document de traçabilité** recensant tous les **événements liés à la sécurité**.

Que consigne-t-on dans la main courante ?

- anomalies constatées,
- rondes effectuées,
- interventions,
- déclenchements d'alarme,
- visites des secours.

Pourquoi la main courante est-elle essentielle ?
Parce qu'elle constitue une **preuve écrite** du suivi de la sécurité.

Qu'est-ce que le compte rendu

C'est un rapport écrit, fait par un agent à son supérieur pour lui rendre compte :

- ➢ d'un événement auquel il a assisté ou dont les témoins lui ont rapporté les faits
- ➢ d'une mission qu'il a accomplie
- ➢ d'une action qu'il a effectuée.

Par exemple : D'un début d'incendie et des mesures qu'il a prises pour le circonscrire.

Poste de sécurité

Qu'est-ce que le poste de sécurité incendie ?

C'est le **local centralisé** où sont regroupés les **moyens de surveillance et de gestion incendie**.

Que retrouve-t-on généralement au poste de sécurité ?

- CMSI / SSI,
- tableaux d'alarme,
- plans d'intervention,
- moyens de communication,
- consignes et registre de sécurité.

Pourquoi le poste de sécurité doit-il être accessible aux secours ?

Pour permettre aux sapeurs-pompiers de :

- prendre le commandement,
- accéder aux informations techniques,
- piloter les dispositifs de sécurité.

Qu'est-ce qu'une ronde de sécurité ?

Une ronde est une **inspection systématique des locaux** visant à détecter les **anomalies ou situations dangereuses**.

Quels éléments sont vérifiés lors des rondes ?

- dégagements libres,
- portes coupe-feu fermées,
- moyens de secours accessibles,
- absence de risques électriques ou thermiques.

Pourquoi les travaux présentent-ils un risque incendie ?
Parce qu'ils peuvent générer :

- des sources d'ignition,
- des modifications temporaires de sécurité,
- des risques humains accrus.

Quel est le rôle de l'agent SSIAP lors de travaux ?

- surveillance renforcée,
- application des permis de feu,
- signalement des anomalies,
- information de la hiérarchie

Quand l'agent SSIAP peut-il intervenir avec un moyen d'extinction ?

Uniquement sur un **départ de feu limité**, sans se mettre en danger.

Quels moyens d'extinction l'agent SSIAP doit-il savoir utiliser ?

- extincteurs,
- RIA (si formé),
- moyens divers (couverture, sable).

Quelle est la priorité avant toute intervention ?

Donner l'alerte et **assurer la sécurité des personnes**.

Quand faut-il appeler les sapeurs-pompiers ?

Dès la **confirmation ou le doute sérieux d'un incendie**.

Quelles informations doivent être transmises lors de l'appel ?

- adresse précise,
- nature de l'incident,
- localisation du sinistre,
- présence éventuelle de victimes.

Quel est le rôle de l'agent SSIAP à l'arrivée des secours ?

- accueillir les pompiers,
- guider vers le sinistre,
- fournir les informations utiles.

Pourquoi sensibiliser les occupants à la sécurité incendie ?

Pour :

- réduire les comportements à risque,
- améliorer les réactions en cas d'alarme,
- faciliter l'évacuation.

Quels moyens sont utilisés pour sensibiliser les occupants

- affichage des consignes,
- informations orales,
- exercices d'évacuation.

Quel est le rôle du SSIAP dans la sensibilisation ?

- rappeler les consignes,
- corriger les mauvaises pratiques,
- participer aux exercices.

L'agent SSIAP 1 a-t-il un rôle de prévention ?
Oui. La prévention est au cœur du métier. L'agent SSIAP 1 repère les situations dangereuses, signale les anomalies et veille au respect des règles de sécurité afin d'éviter tout départ de feu.

Quelle est la place de l'agent SSIAP 1 dans l'organisation du service ?

L'agent SSIAP 1 agit sous l'autorité de sa hiérarchie (chef d'équipe SSIAP 2, chef de service SSIAP 3 ou responsable désigné). Il applique les consignes et rend compte de ses actions et observations.

Pourquoi le travail en équipe est-il essentiel en sécurité incendie ?
Le travail en équipe permet une **meilleure coordination**, une répartition efficace des tâches et une réaction plus rapide en cas d'incident. La sécurité incendie repose sur la communication et la solidarité entre les agents.

Comment l'agent SSIAP 1 communique-t-il avec son équipe

Il communique par des moyens adaptés : radio, téléphone, transmissions orales ou écrites. Une communication claire et précise est indispensable pour éviter les erreurs et assurer une action efficace.

Pourquoi la discipline est-elle indispensable dans un service de sécurité incendie ?

La discipline garantit le respect des consignes, la cohérence des actions et la sécurité de tous. En situation d'urgence, une mauvaise coordination ou une initiative isolée peut avoir de graves conséquences.

Quels sont les comportements attendus d'un agent SSIAP 1 ?

L'agent SSIAP 1 doit faire preuve de :

- calme,
- vigilance,
- réactivité,
- professionnalisme,
- respect des consignes.
  Il représente l'autorité de sécurité auprès du public.

Quelles sont les limites d'intervention de l'agent SSIAP 1 ?

L'agent SSIAP 1 n'effectue ni réparations techniques ni interventions dangereuses. Il agit uniquement dans le cadre de ses compétences, sans se mettre en danger, et laisse les actions spécialisées aux secours.

Pourquoi l'agent SSIAP 1 doit-il connaître parfaitement le site ?

La connaissance du site permet de **réagir rapidement**, de guider efficacement le public et les secours, et d'éviter les erreurs en situation d'urgence. Elle est indispensable pour assurer une sécurité optimale.

Quel est le lien entre organisation du service et efficacité opérationnelle ?

Une organisation claire permet une meilleure anticipation, une réaction rapide et une gestion efficace des incidents. Sans organisation, la sécurité incendie devient inefficace, même avec de bons équipements.

Que faut-il retenir de l'organisation du service de sécurité incendie ?

Il faut retenir que le service de sécurité incendie repose sur une **organisation structurée**, des agents formés et disciplinés, et une coordination permanente pour assurer la protection des personnes et des biens.

Qu'est-ce qu'une consigne générale de sécurité incendie ?

La consigne générale s'applique à **l'ensemble de l'établissement**. Elle décrit l'organisation globale en cas d'incendie : alerte, évacuation, intervention, accueil des secours et mise en sécurité. Elle constitue la base de l'action collective.

Que contient une consigne générale de sécurité incendie ?

Elle contient notamment :

- les modalités d'alerte,
- les moyens d'extinction disponibles,
- les procédures d'évacuation,
- la répartition des rôles,
- les consignes d'accueil des secours.
  Elle doit être claire, précise et accessible.

Qu'est-ce qu'une consigne particulière de sécurité incendie
La consigne particulière concerne **un local ou une zone spécifique** présentant des risques particuliers (chaufferie,

cuisine, local électrique). Elle adapte les mesures de sécurité aux dangers propres à ces locaux.

Pourquoi les consignes particulières sont-elles indispensables ?

Elles permettent de **prendre en compte les risques spécifiques** et d'éviter des erreurs d'intervention. Sans consigne particulière, une action inadaptée peut aggraver la situation ou mettre en danger les intervenants.

Où doivent être affichées les consignes de sécurité incendie ?

Les consignes doivent être **affichées de manière visible** dans les zones stratégiques : postes de sécurité, locaux à risques, zones accessibles au personnel. L'affichage permet une consultation immédiate en cas d'urgence.

Quel est le rôle de l'agent SSIAP 1 concernant les consignes

L'agent SSIAP 1 doit **connaître parfaitement les consignes**, les appliquer sans hésitation et veiller à ce qu'elles soient respectées. Il doit également signaler toute consigne absente, obsolète ou illisible.

Qu'est-ce que la main courante ?

La main courante est un **document de suivi quotidien** dans lequel l'agent SSIAP 1 consigne les événements, anomalies, rondes, incidents et interventions survenues durant son service.

Pourquoi la main courante est-elle un document essentiel

Elle assure la **traçabilité des faits**, permet la continuité de service entre les équipes et constitue une preuve écrite en cas de contrôle ou d'incident. Elle protège l'agent et l'établissement.

Que doit-on inscrire dans la main courante ?

On y inscrit notamment :

- les heures de rondes,
- les anomalies constatées,
- les actions entreprises,
- les incidents et alarmes,
- les consignes reçues.
  Les informations doivent être précises et factuelles.

Quelles règles doivent être respectées lors de la tenue de la main courante ?

La main courante doit être tenue **chronologiquement**, sans rature ni jugement personnel. Les écrits doivent être clairs, objectifs et datés. Toute information inscrite peut avoir une valeur juridique.

Qu'est-ce que le registre de sécurité ?

Le registre de sécurité est un **document réglementaire obligatoire** dans les ERP. Il regroupe l'ensemble des informations liées à la sécurité incendie : contrôles, vérifications, travaux, formations et observations.

Que contient le registre de sécurité ?

Il contient notamment :

- les rapports de vérifications périodiques,
- les observations des commissions de sécurité,
- les travaux réalisés,
- les consignes de sécurité,
- les formations du personnel.

Quelle est la différence entre main courante et registre de sécurité ?

La main courante est un **outil quotidien de suivi**, tandis que le registre de sécurité est un **document officiel et réglementaire** retraçant l'historique de la sécurité incendie de l'établissement.

Quel est le rôle de l'agent SSIAP 1 vis-à-vis du registre de sécurité ?

L'agent SSIAP 1 consulte le registre, s'assure qu'il est à jour, facilite les inscriptions lors des contrôles et **signale toute anomalie ou absence de document** à sa hiérarchie.

Qu'est-ce qu'une ronde de sécurité incendie ?
Une ronde de sécurité incendie est un **parcours systématique et organisé** effectué par l'agent SSIAP 1 dans l'établissement afin de vérifier l'état des locaux, des installations et le respect des règles de sécurité incendie.

Quel est l'objectif principal des rondes de sécurité ?

L'objectif principal est la **prévention**. Les rondes permettent de détecter les anomalies, d'anticiper les risques d'incendie et de corriger ou signaler les situations dangereuses avant qu'un sinistre ne se produise.

À quelle fréquence les rondes doivent-elles être effectuées

La fréquence des rondes dépend de la **nature de l'établissement**, des risques identifiés et des consignes internes. Elles peuvent être régulières, renforcées à certains horaires ou déclenchées à la suite d'un événement particulier.

Quels éléments l'agent SSIAP 1 doit-il vérifier lors d'une ronde ?

Lors d'une ronde, l'agent vérifie notamment :

- la vacuité des dégagements,
- l'accessibilité des moyens de secours,
- l'état des portes coupe-feu,
- l'absence de sources de danger,
- le bon état apparent des installations.

Pourquoi les dégagements font-ils l'objet d'une attention particulière ?

Les dégagements sont essentiels à l'évacuation. Un dégagement encombré ou obstrué peut provoquer des chutes, des blocages et mettre en danger les occupants en cas d'incendie. Toute anomalie doit être signalée immédiatement.

Qu'est-ce que la surveillance des travaux ?

La surveillance des travaux consiste à **contrôler les opérations de maintenance, de rénovation ou de réparation** pouvant générer des risques d'incendie (soudure, meulage, travaux électriques).

Pourquoi les travaux représentent-ils un risque particulier

Les travaux peuvent introduire des sources d'ignition, modifier temporairement les protections incendie ou générer des déchets inflammables. Une mauvaise surveillance peut entraîner un départ de feu.

Quel est le rôle de l'agent SSIAP 1 lors de travaux par points chauds ?

L'agent SSIAP 1 veille au respect des consignes, s'assure de la présence des moyens de secours adaptés et effectue une **surveillance avant, pendant et après les travaux** afin de prévenir tout départ de feu.

Qu'appelle-t-on une anomalie en sécurité incendie ?

Une anomalie est toute situation non conforme aux règles de sécurité incendie : matériel défectueux, dégagement obstrué, dispositif neutralisé ou comportement à risque.

Comment l'agent SSIAP 1 doit-il réagir face à une anomalie constatée ?

Il doit **signaler immédiatement l'anomalie**, prendre des mesures conservatoires si possible sans danger, et consigner l'information dans la main courante ou le registre prévu à cet effet.

Pourquoi la traçabilité des anomalies est-elle indispensable

La traçabilité permet de prouver que les anomalies ont été détectées et signalées. Elle assure la continuité du suivi et protège l'agent et l'établissement en cas de contrôle ou d'incident.

Qu'est-ce qu'une levée de doute ?

La levée de doute est une **vérification effectuée suite à une alarme ou un signalement** afin de confirmer ou non la présence d'un danger réel, tout en respectant les consignes de sécurité.

Quelles précautions prendre lors d'une levée de doute ?

L'agent SSIAP 1 doit agir avec prudence, ne jamais s'exposer au danger, utiliser les équipements disponibles et informer sa hiérarchie. Si le doute persiste, l'alerte doit être maintenue.

Pourquoi la ronde est-elle un acte professionnel engageant la responsabilité de l'agent ?

La ronde engage la responsabilité de l'agent car elle conditionne la détection des risques. Une ronde bâclée ou non effectuée peut avoir de lourdes conséquences en cas d'incendie.

Que faut-il retenir des rondes et de la surveillance ?

Il faut retenir que les rondes sont un **outil essentiel de prévention**, que la surveillance doit être rigoureuse et que chaque anomalie détectée contribue directement à la sécurité des personnes.

Que signifie "intervenir" pour un agent SSIAP 1 ?

Intervenir signifie **agir rapidement et efficacement face à un début d'incendie ou une situation dangereuse**, dans le respect strict des consignes et sans se mettre en danger. L'intervention vise avant tout la protection des personnes.

Quelle est la priorité absolue lors d'une intervention ?

La priorité absolue est la **sauvegarde des vies humaines**. La protection des personnes prime toujours sur la sauvegarde des biens. Toute intervention ne doit être menée que si elle ne met pas l'agent en danger.

Dans quels cas l'agent SSIAP 1 peut-il intervenir sur un feu

L'agent SSIAP 1 peut intervenir uniquement sur un **début d'incendie**, avec des moyens adaptés, si les conditions de sécurité sont réunies et si l'intervention est prévue par les consignes.

Qu'appelle-t-on un début d'incendie ?
Un début d'incendie est un feu **de faible ampleur**, localisé, sans propagation rapide, pouvant être maîtrisé avec des moyens de première intervention (extincteur, RIA).

Quels sont les risques d'une intervention inadaptée ?
Une intervention inadaptée peut entraîner :

- une aggravation de l'incendie,
- des blessures graves,
- une mise en danger de l'agent et du public.
  C'est pourquoi l'évaluation de la situation est indispensable.

Pourquoi le choix de l'extincteur est-il essentiel ?
Un extincteur inadapté peut être inefficace ou dangereux. Le choix dépend de la **classe de feu**. L'agent SSIAP 1 doit connaître les correspondances entre classes de feu et agents extincteurs.

Quelles sont les étapes avant d'utiliser un extincteur ?
Avant d'utiliser un extincteur, l'agent doit :

- donner l'alerte,
- s'assurer d'une issue de repli,
- choisir l'extincteur adapté,
- évaluer la propagation du feu.

Quelle est la technique générale d'utilisation d'un extincteur
La technique consiste à :

- dégoupiller l'extincteur,
- viser la base des flammes,
- actionner la poignée,
- balayer de gauche à droite.
  L'agent doit rester à distance de sécurité.

Quand faut-il renoncer à utiliser un extincteur ?

Il faut renoncer si le feu est trop important, si la fumée est dense, si l'agent ne dispose pas d'une issue de secours ou si sa sécurité n'est plus garantie.

Quelle est la conduite à tenir après l'extinction d'un feu ?

Après l'extinction, l'agent doit surveiller la zone, éviter toute reprise de feu, ventiler si possible et rendre compte à sa hiérarchie et aux secours.
Quelle est la conduite à tenir face à un départ de feu ?

La conduite à tenir est :

1. alerter,
2. protéger les personnes,
3. intervenir si possible,
4. faciliter l'évacuation,
5. accueillir les secours.

Pourquoi l'alerte doit-elle être donnée le plus tôt possible

Une alerte précoce permet une intervention rapide, limite la propagation du feu et augmente les chances de maîtrise du sinistre.

Quel est le rôle de l'agent SSIAP 1 dans l'accueil des secours

L'agent SSIAP 1 **accueille, guide et informe les secours** : localisation du sinistre, risques particuliers, personnes manquantes, installations techniques.

Pourquoi l'accueil des secours est-il crucial ?

Un accueil efficace fait gagner un temps précieux aux secours, améliore la coordination et limite les conséquences de l'incendie.

Comment l'agent SSIAP 1 protège-t-il les personnes lors d'un incendie ?

Il guide l'évacuation, interdit l'accès aux zones dangereuses, rassure le public et empêche tout retour en arrière.

Pourquoi faut-il empêcher le public de revenir dans le bâtiment ?

Le retour dans un bâtiment sinistré expose à des risques graves : fumées toxiques, effondrement, reprise de feu. L'interdiction est une mesure de protection essentielle.

Quelle attitude l'agent SSIAP 1 doit-il adopter face au public ?

Il doit rester **calme, ferme et rassurant**. Son comportement influence directement celui du public et contribue à éviter la panique.

Quelles sont les erreurs fréquentes lors d'une intervention

Les erreurs fréquentes sont :

- intervenir sans alerter,
- utiliser un mauvais extincteur,
- se mettre en danger,
- agir seul sans coordination.

Que faut-il retenir de l'intervention en SSIAP 1 ?

Il faut retenir que l'intervention est **encadrée, progressive et sécurisée**. L'agent SSIAP 1 agit avec méthode, dans le respect des consignes, avec pour priorité absolue la protection des personnes.

Qu'est-ce qu'un IGH (Immeuble de Grande Hauteur) ?

Un IGH est un immeuble dont le plancher bas du dernier niveau est situé à plus de **28 mètres** pour les immeubles à usage autre que l'habitation, ou **plus de 50 mètres** pour l'habitation. Ces immeubles présentent des risques particuliers en cas d'incendie.
Texte règlementaire : arrêté du 30 décembre 2011

Pourquoi les IGH font-ils l'objet d'une réglementation spécifique ?

La hauteur complique l'évacuation, l'accès des secours et la lutte contre l'incendie. La réglementation IGH impose donc des dispositifs renforcés de sécurité incendie, de désenfumage et de compartimentage afin de protéger les occupants.

LES DIFFÉRENTS TYPES D'IGH

GHA : immeubles à usage d'habitation ;
GHO : immeubles à usage d'hôtel ;
GHR : immeubles à usage d'enseignement ;
GHS : immeubles à usage de dépôt d'archives ;
GHTC : immeubles à usage de tour de contrôle ;

GHU : immeubles à usage sanitaire ;
GHW 1 : immeubles à usage de bureaux dont la hauteur du plancher bas est supérieure à 28 mètres et inférieure ou égale à 50 mètres
GHW 2 : immeubles à usage de bureaux dont la hauteur du plancher bas tel qu'il est défini ci-dessus est supérieure à 50 mètres
GHZ : immeubles à usage principal d'habitation dont la hauteur du plancher bas est supérieure à 28 mètres et inférieure ou égale à 50 mètres et comportant des locaux autres que ceux à usage d'habitation.
ITGH : immeuble de très grande hauteur. Constitue un immeuble de très grande hauteur tout corps de bâtiment dont le plancher bas du dernier niveau est situé à plus de 200 mètres par rapport au niveau du sol le plus haut utilisable pour les engins des services publics de secours et de lutte contre l'incendie.

A quelle distance d'un centre de secours est situé un IGH ?

La construction d'un immeuble de grande hauteur n'est permise qu'à des emplacements situés à 3 km au plus d'un centre principal des services publics de secours et de lutte contre l'incendie.

Quels sont les caractéristiques des compartiments en IGH ?

Les compartiments ont la hauteur d'un niveau, une longueur n'excédant pas **75 mètres** et une surface de plancher au plus égale à **2 500 mètres carrés**.
Les compartiments peuvent comprendre deux niveaux si la surface totale n'excède pas 2 500 mètres carrés. Ils peuvent comprendre trois niveaux pour une surface totale de 2500 mètres carrés quand l'un d'eux est situé au niveau d'accès des engins des services publics de secours et de lutte contre l'incendie.
Les parois de ces compartiments, y compris les dispositifs tels que sas ou portes permettant l'accès aux escaliers, aux ascenseurs et monte-charge et entre compartiments, doivent être coupe-feu de degré deux heures ou EI 120, REI 120 en cas de fonction porteuse.

Quels sont les solutions de désenfumage en IGH ?

Solution A : 5 moteurs
Soufflage dans l'escalier.
Soufflage et extraction dans les dispositifs d'intercommunication.
Soufflage et extraction dans la circulation horizontale commune.

Solution B : 3 moteurs
Soufflage dans l'escalier.
Soufflage dans les dispositifs d'intercommunication.
Passage de l'air entre les dispositifs d'intercommunication et

la circulation horizontale commune au travers d'une bouche de transfert.
Extraction et soufflage éventuel dans la circulation horizontale commune.
Ces deux systèmes peuvent cohabiter au sein d'un même compartiment (solution A + B).

Le désenfumage de secours en IGH ?

chaque compartiment ou niveau comporte au moins quatre ouvrants judicieusement répartis qui ne peuvent donc tous se trouver sur la même façade

---

Le Système de sécurité incendie en IGH ?

Les immeubles de grande hauteur sont équipés d'un système de sécurité incendie **(SSI) de catégorie A** (option IGH) comportant exclusivement des zones de détection automatique.

Les détecteurs d'incendie sont implantés :

- dans les circulations horizontales communes ;
- dans les circulations horizontales privatives ;
- dans les locaux particuliers

La sensibilisation d'un détecteur entraîne automatiquement et sans temporisation le scénario de mise en sécurité pour le seul compartiment concerné. Ce scénario est adapté selon les cas suivants :

1) Fonction évacuation :

- alarme générale ; l alarme sonore devant être audible dans le seul compartiment sinistré et de tout point de ce compartiment ;
- déverrouillage des portes des sorties de secours situées au niveau d'évacuation des occupants sur l'extérieur ;
- déverrouillage des portes destinées à l'accès des services publics de secours et de lutte contre l'incendie ;
- déverrouillage des dispositifs de contrôle d'accès

2) Fonction compartimentage :

- fermeture de l'ensemble des dispositifs actionnés de sécurité (clapets, portes, trappes à fermeture automatique des gaines de monte-courrier ou de transport mécanisé de documents ou autres objets...) ;
- non arrêt des cabines d'ascenseurs et de monte-charges dans le compartiment concerné ;
- départ immédiat de tout ascenseur ou monte-charges stationnant dans le compartiment concerné.

3)Fonction désenfumage :

- mise en surpression des cages d'escalier encloisonnées ;
- désenfumage ou mise en surpression des dispositifs d'intercommunication
- désenfumage des circulations horizontales communes concernées.

Lorsqu'un compartiment comprend plusieurs niveaux, la fonction désenfumage n'est activée qu'au niveau où la détection incendie a été sensibilisée.

L'Alerte en IGH ?

Alerte intérieure :
Des dispositifs phoniques (téléphones sans cadran, interphones, etc.) permettant de donner l'alerte au poste central de sécurité incendie sont installés à tous les niveaux des immeubles, dans les circulations horizontales communes, à proximité immédiate de chaque escalier, dans les dispositifs d'intercommunication et, au rez-de-chaussée, à proximité des sorties. Ils sont placés à une hauteur d'environ 1,30 mètre au-dessus du niveau du sol et ne pas être dissimulés par le vantail d'une porte lorsque celui-ci est maintenu ouvert. De plus, ils ne doivent pas présenter une saillie supérieure à 0,10 mètre. Ils sont de couleur rouge, pourvus d'un dispositif de protection contre les manœuvres accidentelles et leur usage est clairement identifié.

Alerte extérieure :
Les services publics de secours et de lutte contre l'incendie doivent pouvoir être alertés immédiatement. Les modalités d'appel sont affichées de façon apparente, permanente et inaltérable près des appareils téléphoniques.

Les liaisons nécessaires sont assurées selon la classe d'immeuble :
- soit par téléphone urbain ;
- soit par ligne téléphonique reliée directement au centre de

traitement des appels des services précités les plus proches
- soit par un disposit f équivalent.

Le dispositif équivalent prévu ci-dessus satisfait aux conditions suivantes :

- faire l'objet d'un avis favorable de la commission de sécurité ;
- être à poste fixe ;
- aboutir à un centre de réception de l'alerte défini en accord avec la direction départementale des services d'incendie et de secours ;
- établir la liaison à partir d'une seule manœuvre élémentaire simple (au décroché, bouton poussoir, etc.) ;
- permettre l'identification automatique de l'établissement
- permettre la liaison phonique ;
- permettre des essais périodiques définis en accord avec la direction départementale des services d'incendie et de secours.

Versions

Quels sont les moyens de lutte contre l'incendie en IGH

Des extincteurs portatifs appropriés aux risques sont installés près des dispositifs d'accès aux escaliers et, le cas échéant, près des dispositifs d'intercommunication entre compartiments.

RIA à chaque niveau autant de robinets d'incendie armés DN 25/8 que d'escaliers. La pression minimale au robinet d'arrêt du robinet d'incendie armé le plus défavorisé est de 4 bars en régime d'écoulement.

Colonnes sèches

Les immeubles de hauteur inférieure ou égale à 50 mètres sont équipés sur toute leur hauteur de colonnes sèches.

Il y a une colonne sèche de diamètre nominal 100 millimètres par escalier ; cette colonne sèche comporte :

- deux raccords d'alimentation de 65 millimètres placés à proximité des accès utilisables par les services d'incendie et de secours et dont les zones respectives de desserte sont clairement indiquées ;
- une prise simple de 65 millimètres et deux prises simples de 40 millimètres situées dans les dispositifs d'intercommunication à chaque niveau.

Versions

Colonnes en charge

Les immeubles d'une hauteur supérieure à 50 sont équipés sur toute leur hauteur de colonnes en charge.

Elles ne doivent pas être exposées au risque de gel, et sont situées dans chaque escalier. Toutefois, une colonne en charge peut être commune à un escalier desservant les niveaux en infrastructure et un escalier desservant les niveaux en superstructure s'ils sont superposés. Elles comportent une prise simple de 65 millimètres et deux prises simples de 40 millimètres situées dans les dispositifs d'intercommunication à chaque niveau.

Leur dispositif d'alimentation (réservoirs en charge, surpresseurs, pompes, etc.) assure en permanence, à l'un quelconque des niveaux et dans chaque colonne, un débit de 1 000 litres par minute sous une pression comprise entre 7 et

9 bars.

Les réservoirs ont une capacité telle que 120 m³ au moins soient exclusivement réservés au service d'incendie. Ils sont alimentés en permanence par les moyens propres à l'immeuble avec un débit minimal de 1 000 litres par minute.

Equipements visant à favoriser l'action des pompiers

Tout immeuble de grande hauteur dispose d'un poste central de sécurité incendie (PCS) à usage exclusif des personnels chargés de la sécurité incendie.
Le PCS :
- est aménagé au niveau et à proximité de l'accès des services publics de secours et de lutte contre l'incendie ;
- présente une surface d'au moins 50 m², hors base de vie ;
- est constitué de parois coupe-feu de degré une heure ou REI 60 et de blocs-portes pare-flammes de degré une demi-heure ou E 30 ou de parois coupe-feu de degré deux heures ou REI 120 et de blocs-portes, pare-flammes de degré une heure ou E 60 s'il est contigu à un local contenant un risque particulier d'incendie ;
- dispose des installations permettant notamment au service de sécurité incendie et d'assistance à personnes d'assurer ses missions de surveillance.

Dans le cas où les accès et sorties de l'immeuble de grande hauteur sont tous verrouillés, un interphone permet aux services publics de secours et de lutte contre l'incendie de contacter les personnels du PCS depuis l'accès qui leur est habituellement réservé.

Un plan du niveau qui indique notamment :
- le repérage du dispositif d'accès où le plan est affiché ;
- la distribution générale du niveau ;
- l'emplacement des ouvrants de désenfumage et de leurs commandes d'ouverture ainsi que des dispositifs d'évacuation d'eau ;
- l'emplacement des moyens de secours, des vannes d'arrêt et du téléphone d'alerte.

Le service de sécurité incendie et d'assistance à personnes doit pouvoir mettre à la disposition des services publics de secours et de lutte contre l'incendie, au moment du sinistre, le matériel et les documents suivants :
- quatre appareils émetteurs-récepteurs radio au moins, pour l'ensemble de l'immeuble. Le fonctionnement de ces derniers est possible dans la totalité de l'immeuble de grande hauteur ;
- les commandes d'ascenseur.
- des plans détaillés de l'immeuble.

Comment se déroule l'évacuation en IGH ?

Lors du déclenchement d'une alarme incendie dans un compartiment, les occupants réalisent une évacuation de première phase en rejoignant un compartiment non concerné. Ils peuvent ensuite effectuer une évacuation de seconde phase en se rendant à un point de regroupement défini au préalable vers l'extérieur, une évacuation de première phase peut être réalisée directement à l'extérieur de l'immeuble de grande hauteur.

L'évacuation de première phase des personnes en situation de handicap, notamment des personnes à mobilité réduite, est réalisée par un déplacement horizontal au niveau où elles se trouvent jusqu'à un autre compartiment ou un espace d'attente sécurisé. Cette évacuation de première phase s'effectue sans traverser le volume sinistré.

SSIAP 2

1. Qu'est-ce que le SSIAP 2 ?

Le SSIAP 2 est le **chef d'équipe de sécurité incendie et d'assistance à personnes**. Il encadre les agents SSIAP 1, organise le service de sécurité incendie, supervise les interventions et assure la coordination en cas d'incident ou d'incendie. Il agit sous l'autorité de l'exploitant ou de son représentant.

2. Quelle est la mission principale du chef d'équipe SSIAP 2

Sa mission principale est **d'encadrer et de diriger une équipe de sécurité incendie** afin d'assurer la protection des personnes, des biens et de l'environnement, tout en garantissant l'application de la réglementation incendie dans l'établissement.

3. Quelle est la différence fondamentale entre un SSIAP 1 et un SSIAP 2 ?

Le SSIAP 1 est un **agent d'exécution**, tandis que le SSIAP 2 est un **agent d'encadrement**. Le SSIAP 2 organise le travail, donne les consignes, contrôle l'application des procédures et prend les décisions opérationnelles en situation normale ou dégradée.

4. Le SSIAP 2 a-t-il une responsabilité hiérarchique ?

Oui. Le SSIAP 2 exerce une **autorité fonctionnelle et hiérarchique** sur les agents SSIAP 1 pendant le service. Il est responsable de leur organisation, de leur efficacité et de leur comportement professionnel.

5. À qui le chef d'équipe SSIAP 2 rend-il compte ?
Il rend compte à la **hiérarchie** : exploitant, responsable sécurité, direction.

6. Quelles sont les responsabilités hiérarchiques du chef d'équipe SSIAP 2 ?
Le chef d'équipe SSIAP 2 exerce une autorité hiérarchique sur les agents SSIAP 1 pendant le service. Il organise le travail, donne les ordres, contrôle l'exécution des missions et veille au respect des consignes. Il est responsable du comportement professionnel et de l'efficacité opérationnelle de son équipe.

7. Qu'entend-on par responsabilité fonctionnelle du SSIAP 2
La responsabilité fonctionnelle concerne l'organisation et le bon fonctionnement du service de sécurité incendie. Le SSIAP 2 coordonne les actions, gère les priorités, assure la continuité du service et prend les décisions nécessaires en fonction des situations rencontrées, sans se substituer à l'exploitant.

8. Comment le chef d'équipe organise-t-il son équipe de sécurité incendie ?
Il définit les postes, répartit les agents selon les compétences et les risques du site, planifie les rondes et adapte l'organisation aux contraintes d'exploitation. Il anticipe les absences, ajuste les effectifs et veille à maintenir un niveau de sécurité constant.

9. Pourquoi la répartition des missions est-elle essentielle en SSIAP 2 ?

Une bonne répartition des missions permet d'éviter les zones non surveillées, les doublons et les erreurs. Elle garantit une couverture optimale des risques, une meilleure réactivité en cas d'incident et une efficacité collective lors des interventions ou des évacuations.

10. Comment le chef d'équipe répartit-il les postes et les missions ?

Il s'appuie sur les consignes de sécurité, l'analyse des risques du site et les compétences des agents. Les postes fixes, mobiles et le PCS sont attribués de manière cohérente afin d'assurer la surveillance, l'intervention rapide et la coordination.

11. Quel est le rôle du chef d'équipe dans la transmission des consignes ?

Le chef d'équipe transmet les consignes générales et particulières aux agents de manière claire et compréhensible. Il s'assure que chaque agent les a comprises et peut les appliquer. Il adapte les consignes en fonction des événements et des situations exceptionnelles.

12. Pourquoi la transmission des consignes doit-elle être tracée ?

La traçabilité permet de prouver que les consignes ont été données et comprises. Elle est essentielle en cas de contrôle, d'enquête ou d'incident. La main courante constitue un outil fondamental pour assurer cette traçabilité.

13. Comment le SSIAP 2 gère-t-il un conflit au sein de son équipe ?

Il adopte une attitude calme, neutre et professionnelle. Il écoute les parties concernées, recherche l'origine du conflit et rappelle le cadre réglementaire et les règles professionnelles. Si nécessaire, il informe sa hiérarchie pour éviter toute dégradation du service.

14. Pourquoi la communication est-elle une compétence clé du chef d'équipe ?

Une communication efficace permet d'éviter les erreurs, de coordonner les actions et de maintenir la cohésion de l'équipe. Elle est indispensable pour transmettre les informations à la hiérarchie, aux agents et aux secours en situation normale comme en situation de crise.

15. Comment le chef d'équipe communique-t-il avec l'exploitant ?

Il informe l'exploitant ou son représentant des événements importants, des anomalies constatées et des actions menées. Il rend compte de manière factuelle et structurée, notamment à l'aide de rapports, de la main courante et lors des réunions de suivi sécurité.

16. Quel est le rôle du SSIAP 2 dans la formation interne des agents ?

Le chef d'équipe participe à la formation continue des agents SSIAP 1. Il organise des rappels de consignes, des exercices pratiques et des mises en situation afin de maintenir le niveau de compétence et la réactivité de l'équipe.

17. Pourquoi la formation interne est-elle indispensable en sécurité incendie ?

La formation interne permet d'actualiser les connaissances, de corriger les mauvaises pratiques et d'adapter les agents aux spécificités du site. Elle contribue directement à la prévention des risques et à l'efficacité des interventions.

18. Comment le chef d'équipe évalue-t-il les agents SSIAP 1

Il observe le comportement professionnel, le respect des consignes, la réactivité et la maîtrise technique des agents. Il identifie les points forts et les axes d'amélioration afin d'adapter l'organisation et la formation.

19. Quel est le rôle du SSIAP 2 dans l'application des consignes de sécurité ?

Le chef d'équipe veille à la stricte application des consignes de sécurité incendie Il contrôle leur respect sur le terrain, corrige les écarts constatés et intervient immédiatement en cas de non-conformité pouvant mettre en danger les personnes ou les biens.

20. Comment le chef d'équipe contrôle-t-il l'application des consignes ?

Il réalise des contrôles réguliers lors des rondes, consulte la main courante et échange avec les agents. En cas d'écart, il rappelle les règles, met en place des actions correctives et informe la hiérarchie si nécessaire.

21. Quel est le rôle du chef d'équipe SSIAP 2 face à une anomalie technique ?
Le chef d'équipe SSIAP 2 analyse l'anomalie, évalue son impact sur la sécurité incendie et met en place des mesures conservatoires. Il informe la hiérarchie et l'exploitant, consigne l'événement dans la main courante et assure le suivi jusqu'à la remise en conformité.

22. Qu'entend-on par incident technique en sécurité incendie ?
Un incident technique est un dysfonctionnement d'une installation de sécurité incendie pouvant réduire le niveau de protection du site. Il peut concerner la détection, l'alarme, le désenfumage ou les moyens d'extinction. Il nécessite une réaction rapide et adaptée.

23. Comment le chef d'équipe priorise-t-il les anomalies ?
Il évalue le niveau de gravité, le risque pour les personnes et l'impact sur l'exploitation. Les anomalies affectant directement la détection ou l'évacuation sont traitées en priorité. Des mesures compensatoires peuvent être mises en place si nécessaire.

24. Quelles mesures conservatoires peut mettre en place un SSIAP 2 ?
Le chef d'équipe peut renforcer la surveillance humaine, modifier les rondes, limiter l'accès à certaines zones ou interdire temporairement une activité à risque. Ces mesures sont appliquées jusqu'à la réparation de l'installation défectueuse.

25. Pourquoi la traçabilité des anomalies est-elle obligatoire
La traçabilité permet de démontrer que l'anomalie a été identifiée, signalée et suivie. Elle est indispensable en cas de contrôle, de commission de sécurité ou d'incident. La main courante constitue le document de référence.

26. Quel est le rôle du chef d'équipe dans l'organisation des rondes ?
Le chef d'équipe planifie les rondes en fonction des risques du site, des consignes et des périodes sensibles. Il définit les itinéraires, la fréquence et les points de contrôle afin d'assurer une surveillance efficace et continue.

27. Pourquoi les rondes sont-elles essentielles en sécurité incendie ?
Les rondes permettent de détecter précocement les anomalies, comportements à risque ou départs de feu. Elles contribuent à la prévention, à la dissuasion et à la réactivité du service de sécurité incendie.

28. Comment le SSIAP 2 contrôle-t-il la qualité des rondes
Il vérifie les comptes rendus, consulte la main courante et effectue des contrôles ponctuels sur le terrain. Il s'assure que les rondes sont réalisées conformément aux consignes et corrige les écarts constatés.

29. Qu'est-ce que la main courante en sécurité incendie ?
La main courante est un document officiel de traçabilité. Elle consigne tous les événements liés à la sécurité incendie : anomalies, interventions, consignes, rondes et incidents. Elle constitue une preuve écrite indispensable.

30. Pourquoi la main courante engage-t-elle la responsabilité du chef d'équipe ?
Le chef d'équipe est responsable de la véracité et de la qualité des informations consignées. Une main courante mal tenue peut engager sa responsabilité en cas d'incident ou de contrôle réglementaire.

31. Quelles informations doivent figurer dans la main courante ?
La date, l'heure, la nature de l'événement, les actions menées et l'identité de l'agent doivent être précisées. Les informations doivent être claires, factuelles et sans interprétation personnelle.

32. Comment le chef d'équipe exploite-t-il la main courante
Il l'utilise comme outil de suivi, d'analyse et de communication. Elle permet d'anticiper les risques, de préparer les commissions de sécurité et d'assurer la continuité de l'information entre les équipes.

33. Qu'est-ce qu'un permis feu ?
Le permis feu est une autorisation écrite délivrée avant des travaux générant des sources d'ignition. Il vise à prévenir les risques d'incendie liés aux travaux par points chauds dans un établissement.

34. Quel est le rôle du SSIAP 2 dans la délivrance du permis feu ?
Le chef d'équipe vérifie les conditions de sécurité, s'assure de la mise en place des mesures de prévention et valide le respect des consignes avant le début des travaux. Il peut refuser le permis si les conditions ne sont pas réunies.

35. Quelles vérifications doivent être effectuées avant la délivrance d'un permis feu ?

Il contrôle la zone de travail, l'éloignement des matières combustibles, la disponibilité des moyens d'extinction et la présence d'un surveillant. Ces vérifications sont essentielles pour limiter le risque d'incendie.

36. Quelles sont les obligations pendant les travaux sous permis feu ?

Une surveillance continue doit être assurée pendant les travaux. Les consignes doivent être respectées et les moyens d'extinction disponibles. Le chef d'équipe s'assure du respect de ces obligations.

37. Que doit faire le chef d'équipe à la fin des travaux sous permis feu ?

Il organise une surveillance après travaux, appelée garde au feu. Il vérifie l'absence de point chaud et s'assure que la zone est sécurisée avant de lever le permis feu.

38. Pourquoi le suivi du permis feu est-il indispensable ?

Le suivi permet d'éviter les départs de feu différés. De nombreux incendies surviennent après la fin des travaux. La vigilance du chef d'équipe est donc primordiale.

39. Comment le SSIAP 2 trace-t-il les permis feu ?

Les permis feus sont archivés et mentionnés dans la main courante. Cette traçabilité permet de justifier les mesures prises et de répondre aux exigences réglementaires.

40. En quoi le permis feu engage-t-il la responsabilité du chef d'équipe ?

En validant un permis feu, le chef d'équipe atteste que les conditions de sécurité sont réunies. En cas d'incident, sa responsabilité peut être engagée si les procédures n'ont pas été respectées.

41. Pourquoi la posture professionnelle est-elle essentielle pour un SSIAP 2 ?

Le chef d'équipe SSIAP 2 incarne l'autorité et la crédibilité du service de sécurité incendie. Sa posture influence directement le comportement des agents. Une attitude professionnelle favorise l'obéissance aux consignes, la cohésion d'équipe et l'efficacité opérationnelle.

42. Comment le SSIAP 2 affirme-t-il son autorité sans créer de tensions ?

Il adopte une communication claire, respectueuse et cohérente. Il explique ses décisions, applique les règles de manière équitable et reste constant dans ses choix. L'autorité repose sur la compétence, l'exemplarité et la justesse des décisions.

43. Quel est le rôle du chef d'équipe dans la motivation des agents ?

Le SSIAP 2 valorise le travail des agents, reconnaît leurs efforts et les implique dans la sécurité du site. Une équipe motivée est plus vigilante, plus réactive et plus impliquée dans la prévention des risques incendie.

44. Pourquoi l'exemplarité est-elle indispensable pour un chef d'équipe ?
Le chef d'équipe doit appliquer les règles qu'il impose aux autres. Son comportement sert de référence à l'équipe. Toute incohérence entre ses paroles et ses actes peut affaiblir son autorité et nuire à la discipline collective.

45. Comment le SSIAP 2 gère-t-il un agent en difficulté professionnelle ?
Il identifie les causes de la difficulté, échange avec l'agent et propose un accompagnement adapté. Cela peut passer par un rappel des consignes, une formation complémentaire ou un changement temporaire de poste.

46. Quel est le rôle du SSIAP 2 lors de la prise de service ?
Il vérifie les effectifs, les postes occupés, les consignes en cours et l'état des installations de sécurité. La prise de service permet d'assurer la continuité de la sécurité incendie et d'anticiper les éventuelles difficultés.

47. Pourquoi le briefing de début de service est-il important
Le briefing permet de transmettre les informations essentielles, les consignes particulières et les événements à surveiller. Il assure une vision commune des priorités et limite les erreurs liées à un manque d'information.

48. Comment le chef d'équipe assure-t-il la continuité du service ?
Il organise les remplacements, adapte les effectifs et anticipe les absences. En cas d'imprévu, il réorganise rapidement les postes afin de maintenir un niveau de sécurité conforme aux exigences réglementaires.

49. Quel est le rôle du SSIAP 2 en cas de manquement d'un agent ?

Il rappelle immédiatement les règles et les consignes. Selon la gravité, il peut faire un signalement à la hiérarchie. L'objectif est de corriger le comportement tout en préservant la qualité du service.

50. Pourquoi le suivi des agents est-il une mission continue

Le suivi permet de détecter les dérives, les pertes de vigilance ou les besoins en formation. Il garantit le maintien des compétences et la fiabilité de l'équipe sur le long terme.

51. Comment le chef d'équipe adapte-t-il l'organisation aux risques du site ?

Il prend en compte l'activité, l'affluence du public, les zones sensibles et les périodes à risque. L'organisation est ajustée afin de renforcer la surveillance et la réactivité là où les risques sont les plus élevés.

52. Quel est le rôle du SSIAP 2 dans la prévention des risques incendie ?

Il identifie les situations dangereuses, fait appliquer les règles de prévention et sensibilise les agents et le personnel. La prévention vise à éviter les départs de feu et à réduire les conséquences d'un sinistre.

53. Comment le chef d'équipe agit-il face à un comportement à risque ?

Il intervient immédiatement pour faire cesser le comportement dangereux. Il explique les risques encourus et rappelle les règles de sécurité. Si nécessaire, il informe l'exploitant ou la hiérarchie.

54. Pourquoi la vigilance quotidienne est-elle essentielle en SSIAP 2 ?
La sécurité incendie repose sur une surveillance constante. Une baisse de vigilance peut entraîner des anomalies non détectées ou des retards d'intervention, augmentant les conséquences d'un incident.

55. Quel est le rôle du SSIAP 2 dans la gestion des priorités quotidiennes ?
Il hiérarchise les actions en fonction des risques, des anomalies et des événements. Les actions ayant un impact direct sur la sécurité des personnes sont toujours traitées en priorité.

56. Comment le chef d'équipe gère-t-il une surcharge d'événements ?
Il reste calme, analyse la situation globale et délègue les tâches. Il coordonne les agents et concentre son action sur les priorités opérationnelles afin d'éviter toute désorganisation.
57. Pourquoi la coordination est-elle essentielle dans le rôle du SSIAP 2 ?
La coordination permet d'éviter les actions contradictoires et les pertes de temps. Elle garantit une réponse collective cohérente et efficace face aux incidents ou aux situations d'urgence.

58. Comment le SSIAP 2 assure-t-il la cohésion de son équipe
Il favorise le dialogue, le respect mutuel et l'esprit d'équipe. Une bonne cohésion améliore la communication, la confiance et l'efficacité lors des interventions.

59. Quel est le rôle du SSIAP 2 dans la remontée d'information ?
Il centralise les informations, les vérifie et les transmet à la hiérarchie ou à l'exploitant. Une remontée d'information fiable permet une prise de décision adaptée et rapide.

60. En quoi le SSIAP 2 est-il un acteur clé de la sécurité incendie ?
Le chef d'équipe est le lien entre la réglementation, l'exploitation et le terrain. Il transforme les consignes en actions concrètes et assure la protection des personnes et des biens au quotidien.

61. Pourquoi le chef d'équipe doit-il connaître parfaitement son site ?
La connaissance du site permet au SSIAP 2 d'anticiper les risques, d'adapter l'organisation et de réagir efficacement en cas d'incident. Elle facilite l'orientation des agents et des secours, et limite les erreurs lors des interventions.

62. Quel est le rôle du SSIAP 2 dans l'application des consignes particulières ?
Le chef d'équipe veille à la mise en œuvre des consignes spécifiques liées au site ou à une situation particulière. Il les explique aux agents, contrôle leur application et les adapte si nécessaire en fonction de l'évolution des risques.

63. Comment le SSIAP 2 s'assure-t-il que les consignes sont comprises ?
Il vérifie la compréhension par des échanges, des questions ou des mises en situation. Il observe le comportement des

agents sur le terrain afin de s'assurer que les consignes sont correctement appliquées.

64. Quel est le rôle du chef d'équipe dans la gestion des priorités en sécurité incendie ?
Il hiérarchise les actions selon le niveau de risque pour les personnes et les biens. Les priorités concernent toujours la protection des personnes, puis la limitation de la propagation et la sauvegarde des installations.

65. Pourquoi le chef d'équipe doit-il savoir déléguer ?
La délégation permet de gagner en efficacité et en réactivité. Le SSIAP 2 confie des missions précises aux agents tout en conservant une vision globale de la situation et le contrôle des opérations.

66. Comment le SSIAP 2 adapte-t-il son management selon les agents ?
Il tient compte de l'expérience, des compétences et du comportement de chaque agent. Cette adaptation permet d'optimiser l'efficacité de l'équipe tout en maintenant un cadre commun et des règles identiques pour tous.

67. Quel est le rôle du chef d'équipe dans la gestion des absences imprévues ?
Il réorganise immédiatement le service afin de maintenir le niveau de sécurité requis. Il peut redistribuer les postes, renforcer certaines zones ou informer la hiérarchie si la situation impacte la sécurité globale.

68. Pourquoi l'anticipation est-elle essentielle dans la fonction de SSIAP 2 ?
Anticiper permet de prévenir les incidents et de limiter leurs conséquences. Le chef d'équipe identifie les périodes à risque et adapte l'organisation avant qu'un problème ne survienne.

69. Quel est le rôle du SSIAP 2 dans la gestion des entreprises extérieures ?
Il veille au respect des règles de sécurité incendie par les intervenants extérieurs. Il informe des consignes, contrôle les zones de travail et s'assure que les risques liés à l'activité sont maîtrisés.

70. Pourquoi la coordination avec les autres services est-elle importante ?
La sécurité incendie implique souvent plusieurs services internes. Une bonne coordination permet d'éviter les malentendus, de fluidifier les interventions et d'assurer une réponse cohérente en cas d'événement.

71. Comment le chef d'équipe réagit-il face à une situation inhabituelle ?
Il analyse rapidement la situation, identifie les risques et met en place des mesures adaptées. Il informe la hiérarchie et consigne les faits afin d'assurer un suivi et une traçabilité.

72. Quel est le rôle du SSIAP 2 dans la gestion de la pression opérationnelle ?
Le chef d'équipe doit rester calme et lucide. Sa maîtrise émotionnelle rassure l'équipe et favorise des décisions réfléchies, même en situation tendue ou urgente.

73. Pourquoi la rigueur est-elle indispensable dans la fonction de chef d'équipe ?
La rigueur garantit le respect des procédures et limite les erreurs. En sécurité incendie, toute négligence peut avoir des conséquences graves pour les personnes et les biens.

74. Comment le SSIAP 2 contribue-t-il à la culture sécurité du site ?
Il sensibilise les agents et le personnel aux risques incendie. Par son attitude et ses actions, il installe une culture basée sur la prévention, la vigilance et le respect des règles.

75. Quel est le rôle du chef d'équipe dans la gestion des retours d'expérience ?
Il analyse les incidents ou dysfonctionnements afin d'en tirer des enseignements. Ces retours permettent d'améliorer l'organisation et de renforcer la prévention.

76. Pourquoi le suivi des consignes est-il une mission permanente ?
Les consignes peuvent évoluer en fonction des risques et de l'exploitation. Le chef d'équipe doit s'assurer qu'elles restent adaptées et correctement appliquées dans la durée.

77. Comment le SSIAP 2 participe-t-il à l'amélioration continue du service ?
Il identifie les points faibles, propose des actions correctives et participe à l'évolution des procédures. Cette démarche améliore la performance globale du service de sécurité incendie.

78. Quel est le rôle du SSIAP 2 en cas de non-respect répété des règles ?
Il intervient pour rappeler le cadre, alerter la hiérarchie et proposer des mesures adaptées. Le non-respect répété peut mettre en danger le site et nécessite une réponse ferme.

79. Pourquoi le chef d'équipe doit-il garder une vision globale ?
La vision globale permet de coordonner efficacement les actions et d'éviter les décisions isolées. Le SSIAP 2 doit toujours avoir une vue d'ensemble du site et de son équipe.

80. En quoi le SSIAP 2 est-il un relais essentiel entre le terrain et la direction ?
Il transmet les informations du terrain à la direction et applique les décisions stratégiques sur le terrain. Ce rôle de relais garantit une sécurité incendie cohérente et efficace.

81. Pourquoi le chef d'équipe doit-il maîtriser les consignes générales de sécurité ?
Les consignes générales définissent les règles de base applicables à tout l'établissement. Le SSIAP 2 doit les maîtriser pour les faire appliquer, les expliquer aux agents et garantir une réponse cohérente face aux situations courantes ou exceptionnelles.

82. Quelle est la différence entre consignes générales et consignes particulières ?
Les consignes générales s'appliquent à l'ensemble du site, tandis que les consignes particulières concernent une zone, une activité ou une situation spécifique. Le chef d'équipe veille à l'application des deux types de consignes.

83. Quel est le rôle du SSIAP 2 dans la mise à jour des consignes ?
Il signale à la hiérarchie toute évolution du site ou du risque nécessitant une adaptation des consignes. Il participe à leur diffusion et s'assure que les agents prennent connaissance des modifications.

84. Comment le chef d'équipe agit-il face à une consigne non respectée ?
Il intervient immédiatement pour corriger la situation et rappeler la règle. Selon la gravité, il peut faire un rappel formel ou informer la hiérarchie afin d'éviter toute mise en danger.

85. Pourquoi le contrôle des consignes est-il une mission quotidienne ?
Les conditions d'exploitation évoluent en permanence. Un contrôle régulier permet de s'assurer que les consignes sont toujours respectées et adaptées aux risques réels du site.

86. Quel est le rôle du SSIAP 2 dans la gestion des travaux temporaires ?
Il identifie les risques liés aux travaux, renforce la surveillance et s'assure du respect des consignes spécifiques. Les travaux modifient souvent les conditions normales de sécurité.

87. Pourquoi les travaux représentent-ils un risque accru d'incendie ?
Les travaux peuvent générer des sources d'ignition, des encombrements ou des neutralisations de dispositifs de sécurité. Le chef d'équipe doit en tenir compte dans l'organisation du service.

88. Comment le SSIAP 2 adapte-t-il les rondes en période de travaux ?
Il augmente la fréquence des rondes, cible les zones sensibles et sensibilise les agents aux risques spécifiques. Cette adaptation permet une détection rapide des anomalies.

89. Quel est le rôle du chef d'équipe dans la prévention des départs de feu ?
Il agit en amont en contrôlant les comportements à risque, les installations et le respect des règles. La prévention vise à éviter l'apparition même d'un sinistre.

90. Pourquoi le suivi des anomalies doit-il être rigoureux ?
Une anomalie non suivie peut se transformer en danger grave. Le chef d'équipe assure le suivi jusqu'à la résolution complète et la remise en conformité.

91. Comment le SSIAP 2 vérifie-t-il l'efficacité des mesures conservatoires ?
Il contrôle régulièrement leur mise en œuvre sur le terrain et ajuste si nécessaire. Les mesures doivent réellement compenser la perte de sécurité liée à l'anomalie.

92. Quel est le rôle du chef d'équipe dans la préparation des commissions de sécurité ?
Il vérifie les documents, la conformité des installations et l'état du site. Il s'assure que le service de sécurité est prêt à répondre aux questions de la commission.

93. Pourquoi la tenue du site est-elle importante lors d'un contrôle ?
Un site propre, organisé et conforme reflète le sérieux de la gestion de la sécurité incendie. Cela facilite le travail de la commission et limite les observations défavorables.

94. Quel est le rôle du SSIAP 2 lors d'une visite de contrôle
Il accompagne les membres de la commission, répond aux questions opérationnelles et fournit les informations demandées. Il représente le service de sécurité incendie sur le terrain.

95. Comment le chef d'équipe prépare-t-il ses agents à une commission ?
Il rappelle les consignes, vérifie les connaissances essentielles et s'assure que les agents adoptent une posture professionnelle. Une équipe préparée renforce la crédibilité du site.

96. Pourquoi la traçabilité est-elle indispensable en SSIAP 2
La traçabilité permet de prouver que les actions de sécurité ont été réalisées. Elle protège le chef d'équipe et l'exploitant en cas de contrôle ou d'incident.

97. Quel est le rôle du SSIAP 2 dans l'archivage des documents ?
Il veille à la bonne conservation des documents liés à la sécurité incendie. Ces documents doivent être accessibles et à jour pour les contrôles réglementaires.

98. Comment le chef d'équipe gère-t-il un désaccord avec l'exploitant ?
Il expose les risques de manière factuelle et argumentée. Son rôle est de conseiller tout en respectant la hiérarchie, afin de garantir la sécurité des personnes.

99. Pourquoi le SSIAP 2 doit-il connaître ses limites de responsabilité ?
Il agit dans le cadre de ses fonctions sans se substituer aux décisions de l'exploitant ou des secours. Connaître ses limites évite les erreurs et les abus de responsabilité.

100. En quoi le chef d'équipe contribue-t-il à la sécurité globale du site ?
Par son organisation, sa vigilance et ses décisions, le SSIAP 2 assure la prévention, la réaction rapide et la coordination des actions. Il est un acteur central de la sécurité incendie.

PARTIE 2 – RÉGLEMENTATION INCENDIE & CADRE PROFESSIONNEL

1. Quel est l'objectif principal de la réglementation incendie
La réglementation incendie a pour objectif d'assurer la sécurité des personnes, de limiter les risques d'incendie et d'en réduire les conséquences. Elle vise également à faciliter l'intervention des secours et à protéger les biens et l'environnement.

2. Sur quoi repose la réglementation incendie en ERP et IGH
Elle repose sur des textes réglementaires précis, notamment les arrêtés relatifs aux ERP et IGH. Ces textes définissent les règles de construction, d'aménagement, d'exploitation et d'organisation de la sécurité incendie.

3. Pourquoi la réglementation incendie est-elle obligatoire
Elle est obligatoire car elle relève de la sécurité publique. Le non-respect de la réglementation peut entraîner des sanctions administratives, pénales et mettre en danger la vie des occupants et du public.

4. Quel est le rôle de l'exploitant au regard de la réglementation incendie ?
L'exploitant est le premier responsable de la sécurité incendie de son établissement. Il doit mettre en œuvre les moyens humains et matériels nécessaires pour respecter la réglementation et garantir la sécurité des personnes.

5. Quelles sont les obligations générales de l'exploitant ?
L'exploitant doit maintenir les installations en bon état de fonctionnement, former le personnel, établir les consignes de

sécurité et organiser les contrôles réglementaires. Il est responsable de la conformité du site.

6. En quoi la responsabilité de l'exploitant peut-elle être engagée ?

Sa responsabilité peut être engagée en cas de non-respect de la réglementation, d'accident ou d'incendie ayant causé des dommages. Elle peut être civile, pénale ou administrative selon la gravité des faits.

7. Quel est le rôle du chef d'équipe SSIAP 2 dans le cadre réglementaire ?

Le SSIAP 2 applique et fait appliquer la réglementation incendie sur le terrain. Il conseille l'exploitant, signale les non-conformités et participe au maintien du niveau de sécurité réglementaire.

8. La responsabilité du SSIAP 2 remplace-t-elle celle de l'exploitant ?

Non, le SSIAP 2 ne se substitue jamais à l'exploitant. Il agit dans le cadre de ses fonctions et sous l'autorité de l'exploitant, tout en ayant une responsabilité professionnelle dans ses missions.

9. Quelles sont les responsabilités spécifiques du chef d'équipe SSIAP 2 ?

Il est responsable de l'organisation du service de sécurité incendie, du respect des consignes et de la bonne gestion des événements. Il doit alerter la hiérarchie en cas de situation non conforme.

10. Pourquoi le SSIAP 2 doit-il connaître les textes réglementaires ?

La connaissance des textes permet de prendre des décisions conformes à la réglementation. Elle renforce la crédibilité du chef d'équipe lors des contrôles et dans ses échanges avec l'exploitant et les autorités.

11. Qu'est-ce qu'un établissement recevant du public (ERP)

Un ERP est un bâtiment ou un local dans lequel des personnes extérieures sont admises. Il est soumis à une réglementation spécifique visant à assurer la sécurité du public contre les risques d'incendie et de panique.

12. Comment sont classés les ERP ?

Les ERP sont classés par type selon leur activité et par catégorie selon l'effectif du public et du personnel. Ce classement détermine les règles de sécurité applicables à l'établissement.

13. Pourquoi le classement des ERP est-il essentiel ?

Le classement conditionne les exigences réglementaires en matière de moyens de secours, d'effectifs, de dégagements et d'organisation du service de sécurité incendie.

14. Quels sont les principes fondamentaux de sécurité en ERP ?

Ils reposent sur la prévention des risques, la limitation de la propagation du feu, l'évacuation rapide du public et l'intervention facilitée des secours. Ces principes guident l'ensemble des mesures réglementaires.

15. Quel est le rôle du chef d'équipe SSIAP 2 en ERP ?
Il veille à l'application des règles de sécurité, encadre les agents et assure la coordination lors des incidents. Il participe activement à la protection du public et au respect de la réglementation.

16. Qu'est-ce qu'un immeuble de grande hauteur (IGH) ?
Un IGH est un bâtiment dont le plancher bas du dernier niveau dépasse une hauteur réglementaire. Il présente des risques spécifiques nécessitant des règles de sécurité renforcées.

17. Pourquoi les IGH sont-ils soumis à une réglementation spécifique ?
La hauteur complique l'évacuation et l'intervention des secours. La réglementation IGH impose donc des dispositifs techniques et organisationnels renforcés pour garantir la sécurité.

18. Quelles sont les principales contraintes de sécurité en IGH ?
Elles concernent le compartimentage, le désenfumage, les moyens de secours, la surveillance permanente et l'organisation stricte du service de sécurité incendie.

19. Quel est le rôle du SSIAP 2 en IGH ?
Le chef d'équipe assure une surveillance renforcée, coordonne les interventions et veille à l'application rigoureuse des procédures spécifiques aux IGH. Il joue un rôle clé en situation de crise.

20. Pourquoi la réglementation IGH exige-t-elle une organisation stricte ?
En raison des risques élevés et des contraintes d'intervention, toute défaillance peut avoir des conséquences graves. Une organisation stricte permet d'anticiper et de maîtriser les situations d'urgence.

21. Quel est le rôle des commissions de sécurité ?
Les commissions de sécurité ont pour mission d'évaluer le niveau de sécurité incendie des établissements. Elles donnent un avis sur l'ouverture, la poursuite d'exploitation ou la réalisation de travaux, afin de protéger le public et les occupants.

22. Quelles sont les différentes commissions de sécurité ?
On distingue principalement les commissions communales, départementales et centrales. Leur compétence dépend de la nature de l'établissement, de son importance et des enjeux en matière de sécurité incendie.

23. Quand une commission de sécurité intervient-elle ?
Elle intervient lors de l'ouverture d'un établissement, après des travaux, lors de visites périodiques ou à la suite d'un incident. Ces contrôles permettent de vérifier la conformité réglementaire du site.

24. Quel est le rôle du chef d'équipe SSIAP 2 lors d'une commission de sécurité ?
Le SSIAP 2 accompagne la commission, répond aux questions opérationnelles et présente l'organisation du service de sécurité. Il participe à la démonstration du bon fonctionnement des dispositifs et des procédures.

25. Pourquoi la préparation d'une commission est-elle essentielle ?
Une préparation rigoureuse permet d'éviter les observations défavorables. Elle garantit que les documents sont à jour, que les installations sont conformes et que les agents connaissent leur rôle.

26. Qu'est-ce que le registre de sécurité ?
Le registre de sécurité est un document réglementaire obligatoire. Il retrace l'ensemble des informations liées à la sécurité incendie de l'établissement et doit être tenu à jour en permanence.

27. Que doit contenir le registre de sécurité ?
Il comprend notamment les contrôles techniques, les vérifications périodiques, les travaux réalisés, les formations du personnel et les observations des commissions de sécurité.

28. Quel est le rôle du SSIAP 2 dans la tenue du registre de sécurité ?
Le chef d'équipe veille à sa mise à jour, à sa lisibilité et à sa disponibilité. Il s'assure que les informations sont exactes et facilement consultables en cas de contrôle.

29. Pourquoi le registre de sécurité est-il un document essentiel ?
Il constitue une preuve du respect de la réglementation. En cas d'incident ou de contrôle, il permet de démontrer les actions de prévention et de maintenance réalisées.

30. Quels sont les documents obligatoires liés à la sécurité incendie ?
Ils incluent le registre de sécurité, les consignes de sécurité, les plans d'évacuation, les plans d'intervention et les rapports de vérifications réglementaires.

31. Quel est le rôle du chef d'équipe dans la gestion des documents obligatoires ?
Il s'assure que les documents sont à jour, accessibles et conformes. Il informe la hiérarchie en cas de manquement ou de document manquant.

32. Pourquoi les consignes de sécurité doivent-elles être affichées ?
L'affichage permet une information claire et immédiate du personnel et du public. En cas d'urgence, chacun doit pouvoir identifier rapidement les comportements à adopter.

33. Que sont les plans d'évacuation et d'intervention ?
Les plans d'évacuation indiquent les cheminements et sorties, tandis que les plans d'intervention sont destinés aux secours. Ils facilitent l'évacuation et l'intervention rapide.

34. Quel est le rôle du SSIAP 2 concernant les plans ?
Il veille à leur conformité, à leur lisibilité et à leur mise à jour. Il s'assure également que les agents savent les interpréter et les utiliser efficacement.

35. Qu'entend-on par hygiène et sécurité au travail ?
Il s'agit de l'ensemble des règles visant à protéger la santé et la sécurité des travailleurs. Cela inclut la prévention des

accidents, des maladies professionnelles et des risques liés au travail.

36. Quel est le lien entre hygiène, sécurité et incendie ?
Un environnement de travail sûr réduit les risques d'incendie. Le respect des règles d'hygiène et de sécurité contribue à la prévention des situations dangereuses.

37. Quel est le rôle du chef d'équipe SSIAP 2 en matière de sécurité au travail ?
Il veille à l'application des règles de sécurité, signale les situations dangereuses et participe à la prévention des risques professionnels au sein de son équipe.

38. Comment le Code du travail s'applique-t-il à la sécurité incendie ?
Le Code du travail impose à l'employeur des obligations de prévention, de formation et de protection des salariés, y compris face au risque incendie.

39. Pourquoi le SSIAP 2 doit-il connaître le Code du travail
Cette connaissance lui permet d'agir dans un cadre légal, de protéger les agents et d'alerter la hiérarchie en cas de non-respect des obligations.

40. En quoi la réglementation incendie et le Code du travail sont-ils complémentaires ?
La réglementation incendie protège le public et les bâtiments, tandis que le Code du travail protège les salariés. Ensemble, ils garantissent une sécurité globale et cohérente.
41. Quelles sont les responsabilités générales de l'exploitant en matière de sécurité incendie ?

L'exploitant est responsable de la sécurité des personnes et des biens dans son établissement. Il doit respecter la réglementation, mettre en place les moyens de prévention, assurer la maintenance des installations et organiser le service de sécurité incendie.

42. L'exploitant peut-il déléguer sa responsabilité en sécurité incendie ?
Non, la responsabilité de l'exploitant reste pleine et entière. Il peut déléguer des missions, mais pas sa responsabilité juridique. En cas d'incident, il demeure responsable des manquements constatés.

43. Quel est le lien entre exploitant et chef d'équipe SSIAP 2
Le SSIAP 2 agit pour le compte de l'exploitant. Il applique les consignes, rend compte des anomalies et conseille l'exploitant sur les mesures à prendre pour garantir la conformité et la sécurité.

44. Quelle est la responsabilité professionnelle du chef d'équipe SSIAP 2 ?
Le SSIAP 2 est responsable de ses actes et décisions dans le cadre de ses fonctions. Une faute professionnelle, une négligence ou un manquement aux procédures peut engager sa responsabilité.

45. Quelle différence entre responsabilité civile et pénale ?
La responsabilité civile vise à réparer un dommage, tandis que la responsabilité pénale sanctionne une infraction à la loi. Le SSIAP 2 peut être concerné dans les deux cas selon la gravité des faits.

46. Pourquoi la notion de prévention est-elle centrale dans la réglementation incendie ?
La prévention vise à éviter la naissance d'un incendie. Elle repose sur des règles d'exploitation, de maintenance et de comportement qui réduisent fortement le risque avant toute intervention.

47. Quels sont les principes fondamentaux de prévention incendie ?
Ils consistent à limiter les sources d'ignition, réduire les combustibles, compartimenter les locaux et maintenir les moyens de secours opérationnels. Ces principes structurent toute la réglementation.

48. Quel est le rôle du SSIAP 2 dans la prévention réglementaire ?
Il contrôle l'application des règles, signale les situations à risque et met en place des mesures correctives. Il est un acteur clé de la prévention quotidienne sur le terrain.

49. Pourquoi la maintenance des installations est-elle une obligation réglementaire ?
Une installation défaillante peut aggraver un sinistre. La maintenance garantit le bon fonctionnement des équipements de sécurité et leur efficacité en cas d'incendie.

50. Quel est le rôle du chef d'équipe SSIAP 2 dans le suivi de la maintenance ?
Il vérifie que les contrôles sont réalisés, consulte les rapports et signale toute anomalie. Il assure le lien entre les prestataires techniques et l'exploitant.

51. Qu'entend-on par obligation de moyens en sécurité incendie ?
L'exploitant doit mettre en œuvre tous les moyens nécessaires pour assurer la sécurité. Même sans résultat garanti, l'absence de moyens adaptés peut engager sa responsabilité.

52. Comment le SSIAP 2 contribue-t-il au respect de l'obligation de moyens ?
Il veille à la présence des moyens humains et matériels, contrôle leur disponibilité et alerte en cas d'insuffisance. Son rôle est essentiel pour démontrer l'effort de sécurité.

53. Qu'est-ce qu'une non-conformité réglementaire ?
Une non-conformité est un écart entre l'état réel de l'établissement et les exigences réglementaires. Elle peut concerner les installations, l'organisation ou les documents.

54. Comment le SSIAP 2 doit-il réagir face à une non-conformité ?
Il la signale immédiatement à la hiérarchie, met en place des mesures conservatoires si nécessaire et assure le suivi jusqu'à la remise en conformité.

55. Pourquoi la traçabilité des actions réglementaires est-elle indispensable ?
Elle permet de prouver que les obligations ont été prises en compte. En cas de contrôle ou d'accident, la traçabilité protège l'exploitant et le chef d'équipe.

56. Quel est le rôle des rapports et comptes rendus en sécurité incendie ?
Ils permettent de formaliser les actions menées, les anomalies constatées et les décisions prises. Ils sont des outils essentiels de suivi et de communication.

57. Pourquoi le SSIAP 2 doit-il maîtriser le vocabulaire réglementaire ?
Une bonne maîtrise du vocabulaire permet des échanges clairs avec les autorités, la hiérarchie et les secours. Elle renforce la crédibilité professionnelle du chef d'équipe.
58. Quel est l'impact d'une mauvaise application de la réglementation ?
Elle peut entraîner des sanctions, une fermeture administrative ou des conséquences graves en cas de sinistre. La réglementation vise avant tout à protéger les personnes.

59. Comment le SSIAP 2 participe-t-il à la conformité globale du site ?
Par sa vigilance, ses contrôles et ses remontées d'information, il contribue au respect permanent des exigences réglementaires. Il est un acteur central de la conformité.

60. Pourquoi la réglementation incendie doit-elle être connue et appliquée au quotidien ?
La sécurité incendie ne se limite pas aux contrôles ponctuels. Une application quotidienne garantit une prévention efficace et une réaction adaptée en cas d'urgence.

61. Pourquoi les ERP sont-ils soumis à une réglementation spécifique ?
Les ERP accueillent du public, souvent non formé aux risques incendie. La réglementation vise à assurer leur sécurité, faciliter l'évacuation et permettre l'intervention rapide des secours en cas de sinistre.

62. Qu'est-ce que le principe de l'évacuation en ERP ?
L'évacuation repose sur des cheminements clairement identifiés, des dégagements suffisants et des sorties adaptées. Elle doit permettre au public de quitter rapidement les lieux en toute sécurité.

63. Pourquoi la limitation de la propagation du feu est-elle essentielle en ERP ?
Limiter la propagation permet de protéger les occupants et de donner le temps nécessaire à l'évacuation. Le compartimentage et les matériaux adaptés jouent un rôle clé dans cet objectif.

64. Quel est le rôle du chef d'équipe SSIAP 2 dans l'exploitation d'un ERP ?
Il veille au respect des règles de sécurité lors de l'exploitation quotidienne. Il contrôle les aménagements, les comportements à risque et signale toute situation non conforme à la réglementation.

65. Comment le SSIAP 2 agit-il face à une modification d'aménagement en ERP ?
Il analyse l'impact sur la sécurité incendie et alerte la hiérarchie si la modification présente un risque. Toute

modification doit rester conforme aux exigences réglementaires.

66. Quelles sont les obligations en matière de dégagements en ERP ?

Les dégagements doivent être en nombre suffisant, libres de tout obstacle et clairement signalés. Ils doivent permettre une évacuation rapide et sans danger du public.

67. Pourquoi les issues de secours doivent-elles rester accessibles ?

Une issue obstruée peut empêcher l'évacuation et mettre des vies en danger. Le SSIAP 2 veille à leur accessibilité permanente et intervient en cas de non-respect.

68. Quel est le rôle du SSIAP 2 concernant l'effectif du public

Il veille au respect de l'effectif maximal autorisé. Un dépassement peut compromettre l'évacuation et constitue une non-conformité réglementaire grave.

69. Qu'est-ce qui distingue un IGH d'un ERP classique ?

L'IGH se caractérise par sa hauteur importante, rendant l'évacuation et l'intervention des secours plus complexes. Il est soumis à des règles de sécurité renforcées.

70. Pourquoi l'évacuation totale est-elle difficile en IGH ?

La hauteur rend l'évacuation longue et complexe. La réglementation privilégie souvent une mise en sécurité sur place et un compartimentage efficace.

71. Quel est le rôle du compartimentage en IGH ?
Le compartimentage limite la propagation du feu et des fumées. Il permet de protéger les occupants dans des zones sécurisées en attendant les secours.

72. Quel est le rôle du SSIAP 2 dans un IGH ?
Il assure une surveillance permanente, coordonne les actions et applique des procédures strictes. En situation de crise, son rôle est central pour la gestion du PCS.

73. Pourquoi les moyens de secours sont-ils renforcés en IGH
La hauteur complique l'intervention des sapeurs-pompiers. Des moyens techniques et humains renforcés sont donc nécessaires pour compenser ces contraintes.

74. Quel est le rôle du SSIAP 2 dans la gestion des ascenseurs en IGH ?
Il veille à leur mise en sécurité en cas d'incendie et s'assure qu'ils ne soient pas utilisés pour l'évacuation, sauf dispositions particulières prévues par la réglementation.

75. Pourquoi la surveillance humaine est-elle indispensable en IGH ?
La complexité des installations et des procédures nécessite une présence humaine permanente. Le SSIAP 2 coordonne cette surveillance pour garantir la sécurité.
76. Comment le SSIAP 2 participe-t-il à la prévention en IGH
Il contrôle les installations, les comportements et les travaux. La prévention vise à éviter toute situation pouvant déclencher un incendie difficile à maîtriser.

77. Quel est l'impact d'une non-conformité en IGH ?
Les conséquences peuvent être très graves en raison des difficultés d'évacuation. Une non-conformité doit être traitée immédiatement avec des mesures compensatoires.

78. Pourquoi les procédures sont-elles plus strictes en IGH
Les risques sont amplifiés par la hauteur et la densité des occupants. Des procédures strictes permettent une réaction rapide et coordonnée en cas d'incident.

79. Quel est le rôle du SSIAP 2 lors d'un exercice en ERP ou IGH ?
Il organise ou encadre l'exercice, observe les comportements et corrige les dysfonctionnements. Les exercices permettent de tester l'efficacité des procédures.

80. Pourquoi la connaissance des spécificités ERP et IGH est-elle indispensable au SSIAP 2 ?
Chaque type de bâtiment présente des risques particuliers. Une bonne connaissance permet au chef d'équipe d'adapter son organisation et ses décisions au contexte réglementaire.

81. Pourquoi les commissions de sécurité sont-elles indispensables en ERP et IGH ?
Les commissions de sécurité garantissent que les établissements respectent la réglementation incendie. Elles évaluent les risques, contrôlent les installations et donnent un avis sur l'ouverture ou la poursuite d'exploitation afin de protéger le public.

82. Que signifie un avis favorable avec prescriptions ?
Un avis favorable avec prescriptions autorise l'exploitation sous réserve de respecter certaines conditions. Le chef d'équipe doit veiller à la mise en œuvre des prescriptions dans les délais impartis.

83. Que se passe-t-il en cas d'avis défavorable de la commission ?
Un avis défavorable peut entraîner une fermeture administrative partielle ou totale. Des mesures correctives doivent être mises en place avant toute réouverture de l'établissement.

84. Quel est le rôle du SSIAP 2 après une commission de sécurité ?
Il suit la mise en conformité, applique les prescriptions et assure la traçabilité des actions réalisées. Il informe la hiérarchie de l'avancement des mesures correctives.

85. Pourquoi le registre de sécurité doit-il être immédiatement accessible ?
Il doit pouvoir être consulté à tout moment par la commission ou les autorités. Son accessibilité témoigne du sérieux de la gestion de la sécurité incendie.

86. Quelle est la responsabilité du chef d'équipe concernant les vérifications périodiques ?
Le SSIAP 2 s'assure que les vérifications sont réalisées selon la périodicité réglementaire. Il consulte les rapports et signale toute anomalie ou retard à la hiérarchie.

87. Pourquoi les rapports de vérification doivent-ils être conservés ?
Ils prouvent le suivi des installations et la conformité réglementaire. En cas d'incident, ils permettent de démontrer que les obligations ont été respectées.

88. Quel est le rôle du SSIAP 2 dans la gestion des travaux suite à une prescription ?
Il vérifie que les travaux respectent les exigences de sécurité incendie. Il adapte l'organisation et met en place des mesures compensatoires si nécessaire.

89. Pourquoi la formation du personnel est-elle une obligation réglementaire ?
Un personnel formé réagit mieux en cas d'incendie. La réglementation impose cette formation pour garantir une évacuation efficace et une première réaction adaptée.

90. Quel est le rôle du chef d'équipe SSIAP 2 dans cette formation ?
Il participe à la formation interne, réalise des rappels de consignes et organise des exercices. Il contribue ainsi au maintien des compétences du personnel.

91. Qu'entend-on par obligation d'information du personnel
Le personnel doit connaître les risques, les consignes et les moyens de secours. L'information est indispensable pour éviter les comportements dangereux.

92. Comment le SSIAP 2 assure-t-il cette information ?
Il diffuse les consignes, participe aux briefings et répond aux questions. Il veille à ce que les informations soient comprises et appliquées.

93. Pourquoi l'affichage réglementaire est-il obligatoire ?
L'affichage permet une information permanente et visible. Il facilite la réaction rapide en cas d'urgence, notamment pour le personnel et le public.

94. Quel est le rôle du SSIAP 2 concernant les consignes affichées ?
Il vérifie leur conformité, leur lisibilité et leur mise à jour. Il signale toute dégradation ou incohérence à la hiérarchie.

95. Pourquoi la sécurité incendie est-elle liée à l'organisation du travail ?
Une mauvaise organisation peut générer des situations dangereuses. La réglementation impose une organisation adaptée pour limiter les risques incendie.

96. Quel est le lien entre Code du travail et prévention incendie ?
Le Code du travail impose des mesures de prévention, de formation et de protection des salariés. Il complète la réglementation incendie applicable aux établissements.

97. Pourquoi le SSIAP 2 doit-il intégrer le Code du travail dans ses actions ?
Cela lui permet de protéger les agents, d'alerter sur les risques professionnels et d'agir dans un cadre légal cohérent.

98. Quel est l'impact d'un manquement réglementaire répété ?

Il peut entraîner des sanctions, une fermeture administrative ou engager des responsabilités pénales. La répétition démontre un défaut de gestion de la sécurité.

99. Comment le SSIAP 2 contribue-t-il à éviter ces manquements ?

Par une vigilance quotidienne, des contrôles réguliers et une remontée d'information efficace. Il agit en amont pour maintenir la conformité.

100. Pourquoi la maîtrise du cadre réglementaire est-elle indispensable au SSIAP 2 ?

Elle permet de prendre des décisions justes, de conseiller l'exploitant et de garantir la sécurité des personnes. La réglementation est le socle de l'action du chef d'équipe.

1. Qu'est-ce qu'un système de sécurité incendie (SSI) ?
Un SSI est l'ensemble des équipements permettant de détecter un incendie, d'alerter les occupants et de mettre en sécurité le bâtiment. Il vise à protéger les personnes, limiter la propagation du feu et faciliter l'intervention des secours.

2. Quels sont les objectifs principaux d'un SSI ?
Les objectifs sont la détection précoce de l'incendie, l'alarme des occupants, la mise en sécurité des installations et l'aide à l'évacuation. Le SSI contribue également à la protection des biens.

3. Qu'est-ce que la détection automatique incendie (DAI) ?
La DAI permet de détecter automatiquement un début d'incendie sans intervention humaine. Elle repose sur des détecteurs sensibles à la fumée, à la chaleur ou aux flammes.

4. Pourquoi la détection automatique est-elle essentielle ?
Elle permet une détection rapide, même en l'absence de personnel. Une détection précoce limite la propagation du feu et améliore les chances d'évacuation et d'intervention rapide.

5. Quels sont les principaux types de détecteurs automatiques ?
On distingue principalement les détecteurs de fumée, de chaleur et de flammes. Le choix dépend des risques présents et de l'environnement du local à protéger.

6. Qu'est-ce qu'un déclencheur manuel (DM) ?
Le déclencheur manuel permet à une personne de signaler un incendie en actionnant un dispositif. Il complète la détection automatique et déclenche l'alarme incendie.

7. Où sont généralement implantés les déclencheurs manuels ?
Ils sont installés près des sorties, dans les circulations et aux endroits stratégiques. Leur implantation doit permettre un accès rapide en cas de départ de feu.

8. Quel est le rôle de l'alarme incendie ?
L'alarme incendie avertit les occupants d'un danger afin de déclencher l'évacuation. Elle doit être audible, compréhensible et adaptée au type de public accueilli.

9. Quelle différence entre alarme générale et alarme restreinte ?
L'alarme générale concerne l'ensemble du bâtiment, tandis que l'alarme restreinte est destinée au personnel formé. Cette distinction permet une gestion adaptée selon le contexte.

10. Qu'est-ce qu'un équipement d'alarme (EA) ?
Un équipement d'alarme regroupe les dispositifs permettant la diffusion du signal sonore ou visuel. Il assure la transmission de l'alerte aux occupants.

11. Qu'est-ce que le système de mise en sécurité incendie (SMSI) ?

Le SMSI regroupe les dispositifs qui commandent automatiquement les fonctions de sécurité. Il agit pour limiter les effets de l'incendie et faciliter l'évacuation.

12. Quelles sont les principales fonctions du SMSI ?

Elles incluent le compartimentage, le désenfumage, l'arrêt de certaines installations techniques et la gestion des issues. Ces fonctions visent à protéger les personnes.

13. Quel est le rôle du SSIAP 2 face à un déclenchement de SSI ?

Le chef d'équipe analyse l'information, fait lever le doute et coordonne les actions. Il applique les procédures et informe les secours si nécessaire.

14. Pourquoi le SSI doit-il être fiable et maintenu ?

Un SSI défaillant peut retarder l'alerte ou la mise en sécurité. La maintenance garantit son bon fonctionnement en cas de sinistre réel.

15. Qu'est-ce qu'une zone de détection ?

Une zone de détection regroupe un ensemble de détecteurs couvrant un secteur défini. Elle permet de localiser approximativement l'origine du signal d'alarme.

16. Qu'est-ce qu'une zone de mise en sécurité ?

C'est une zone dans laquelle les fonctions de sécurité sont commandées simultanément. Elle permet une mise en sécurité cohérente et ciblée du bâtiment.

17. Pourquoi la lecture des informations SSI est-elle essentielle ?
Une bonne lecture permet d'identifier rapidement la zone concernée et la nature du signal. Cela conditionne la rapidité et la pertinence de la réaction.

18. Quel est le rôle du SSIAP 2 en cas de défaut sur le SSI ?
Il analyse le défaut, met en place des mesures compensatoires et informe la hiérarchie. Il assure le suivi jusqu'au rétablissement normal du système.

19. Quelle différence entre alarme et défaut sur un SSI ?
L'alarme signale un danger potentiel ou réel, tandis qu'un défaut indique un dysfonctionnement technique. Les deux nécessitent une réaction adaptée et tracée.

20. Pourquoi le SSIAP 2 doit-il maîtriser le fonctionnement du SSI ?
La maîtrise du SSI permet une réaction rapide et appropriée. Elle est indispensable pour assurer la sécurité des personnes et coordonner efficacement les interventions.

21. Qu'est-ce que le compartimentage ?
Le compartimentage consiste à diviser un bâtiment en zones étanches au feu et aux fumées. Chaque compartiment limite la propagation de l'incendie et facilite l'évacuation ainsi que l'intervention des secours. C'est un élément clé de la protection des personnes et des biens.

22. Pourquoi le compartimentage est-il obligatoire ?
Il permet de contenir un incendie dans une zone limitée, réduisant ainsi les risques pour les occupants et les structures.

Il contribue également à maintenir des voies d'évacuation sûres jusqu'à l'arrivée des secours.

23. Quels éléments peuvent constituer un compartiment coupe-feu ?

Les murs, planchers, cloisons et portes coupe-feu constituent les compartiments. Ils sont réalisés avec des matériaux résistants au feu et testés selon les normes pour garantir leur efficacité.

24. Quel est le rôle du SSIAP 2 dans la vérification du compartimentage ?

Le chef d'équipe contrôle que les compartiments sont en état, que les portes sont fermées et fonctionnelles, et que les matériaux n'ont pas été modifiés. Il signale toute anomalie à la hiérarchie pour action corrective.

25. Qu'est-ce que le désenfumage ?

Le désenfumage consiste à évacuer la fumée et les gaz chauds produits par un incendie afin de protéger les occupants et faciliter l'intervention des secours. Il peut être naturel ou mécanique selon les installations.

26. Pourquoi le désenfumage est-il vital en cas d'incendie

La fumée est la principale cause de décès dans un incendie. Un désenfumage efficace réduit la concentration de fumée, améliore la visibilité et permet une évacuation plus sûre.

27. Quels sont les types de désenfumage ?

Il existe le désenfumage naturel (ouvrants en toiture, fenêtres) et le désenfumage mécanique (ventilateurs, extracteurs). Chaque type est adapté aux caractéristiques du bâtiment et aux exigences réglementaires.

28. Quel est le rôle du SSIAP 2 dans la surveillance du désenfumage ?

Il s'assure que les dispositifs sont fonctionnels, que les commandes sont accessibles et que le personnel connaît leur utilisation. Il vérifie également la conformité des essais périodiques.

29. Qu'est-ce qu'une porte coupe-feu ?

Une porte coupe-feu est une porte conçue pour résister au feu pendant une durée déterminée, permettant de compartimenter un bâtiment et de retarder la propagation de l'incendie et des fumées.

30. Pourquoi la porte coupe-feu doit-elle rester fermée ?

Si la porte est ouverte, le compartimentage est inefficace, et le feu peut se propager rapidement. Le SSIAP 2 veille à ce que les portes restent fermées et fonctionnelles.

31. Comment le chef d'équipe vérifie-t-il les portes coupe-feu ?

Il contrôle l'état des portes, les ferme correctement, vérifie les ferme-portes automatiques et s'assure de leur conformité aux normes. Toute anomalie doit être signalée et consignée.

32. Qu'est-ce qu'un arrêt technique dans le SSI ?

Un arrêt technique est la neutralisation temporaire d'une installation de sécurité pour travaux ou maintenance. Il doit être strictement contrôlé pour ne pas compromettre la sécurité.

33. Quel est le rôle du SSIAP 2 lors d'un arrêt technique ?
Le chef d'équipe organise des mesures compensatoires, informe les agents et la hiérarchie, et consigne l'événement dans la main courante. Il garantit ainsi la continuité de la sécurité.

34. Pourquoi les arrêts techniques doivent-ils être tracés ?
La traçabilité permet de prouver que toutes les mesures ont été prises pour sécuriser le site. Elle protège l'exploitant et le SSIAP 2 en cas de contrôle ou d'incident.

35. Qu'est-ce qu'un asservissement dans un SSI ?
Un asservissement est un lien fonctionnel entre plusieurs dispositifs de sécurité, permettant une action automatique coordonnée, comme le déclenchement du désenfumage à l'alarme incendie.

36. Pourquoi les asservissements sont-ils importants ?
Ils garantissent la cohérence des actions de sécurité. Sans asservissement, certaines fonctions pourraient ne pas se déclencher, compromettant la protection des personnes et du bâtiment.

37. Quel est le rôle du SSIAP 2 dans le contrôle des asservissements ?
Il vérifie que les asservissements fonctionnent correctement, que les tests périodiques sont réalisés et que les anomalies sont signalées et suivies.

38. Quelles sont les installations fixes d'extinction automatique ?
Il s'agit des sprinklers, colonnes sèches et humides, RIA et autres systèmes d'extinction intégrés. Elles permettent de limiter ou d'éteindre un incendie avant son développement.

39. Quel est le rôle du SSIAP 2 vis-à-vis de ces installations
Il s'assure de leur disponibilité, de leur état de fonctionnement et de la bonne formation des agents à leur utilisation. Il consigne toutes les interventions et vérifications.

40. Pourquoi le chef d'équipe doit-il connaître la localisation des RIA et sprinklers ?
Connaître l'emplacement exact permet une intervention rapide et ciblée en cas de départ de feu. Cela améliore l'efficacité des premières actions et la sécurité des occupants.

41. Qu'est-ce que le tableau de signalisation incendie ?
Le tableau de signalisation centralise les informations du SSI. Il indique les zones touchées par un départ de feu, les anomalies des dispositifs et l'état général des installations, permettant au SSIAP 2 de prendre les décisions adaptées.

42. Pourquoi le tableau de signalisation est-il indispensable
Il offre une vision globale et immédiate de la situation incendie. Cela permet au chef d'équipe de coordonner les interventions, d'alerter les secours et de déclencher les fonctions de mise en sécurité.

43. Quelles informations sont affichées sur le tableau de signalisation ?

Il indique l'origine de l'alarme, les zones concernées, le type de déclencheur, les défauts techniques et l'état des dispositifs de sécurité. Ces informations facilitent la réaction rapide et ciblée.

44. Comment le SSIAP 2 interprète-t-il les signaux du tableau

Il identifie les priorités d'intervention, distingue les alarmes réelles des anomalies techniques et coordonne les actions des agents en fonction de la gravité et de la localisation du signal.

45. Que faire en cas de défaut signalé par le SSI ?

Le chef d'équipe consigne le défaut, met en place des mesures compensatoires si nécessaire et informe la hiérarchie. Le suivi doit être assuré jusqu'à la résolution complète de l'anomalie.

46. Pourquoi la distinction entre alarme et défaut est-elle essentielle ?

Une alarme indique un incendie potentiel tandis qu'un défaut signale un dysfonctionnement technique. Confondre les deux peut retarder l'action ou provoquer une intervention inutile.

47. Comment réagir à un défaut du SSI en cours de service

Le SSIAP 2 analyse le défaut, vérifie si la protection est maintenue, consigne l'événement et ajuste la surveillance ou les rondes pour garantir la sécurité des occupants.

48. Quel est le rôle du chef d'équipe face à plusieurs alarmes simultanées ?
Il priorise selon les risques pour les personnes et les biens, répartit les tâches entre les agents et coordonne les actions pour éviter la confusion et assurer une réponse efficace.

49. Pourquoi la documentation SSI est-elle essentielle pour le chef d'équipe ?
Les plans, notices et schémas permettent de comprendre le fonctionnement exact du SSI. Cela facilite les interventions et la formation des agents sur les dispositifs.

50. Comment le SSIAP 2 utilise-t-il les schémas SSI lors d'un incident ?
Il identifie rapidement les circuits, les asservissements et les dispositifs impactés, ce qui permet de prendre des mesures ciblées et de sécuriser le site efficacement.

51. Qu'est-ce qu'une intervention ciblée sur le SSI ?
C'est une action spécifique sur un dispositif défectueux ou sur la zone concernée par l'alarme, sans perturber les autres fonctions du SSI. Elle permet une réponse efficace tout en maintenant la protection globale.

52. Comment le chef d'équipe assure-t-il la traçabilité des interventions SSI ?
Toutes les actions sont consignées dans la main courante ou le registre SSI. Cette traçabilité est indispensable pour le suivi des anomalies et pour démontrer la conformité réglementaire.

53. Pourquoi les alarmes doivent-elles être testées périodiquement ?

Les tests garantissent leur bon fonctionnement, détectent les dysfonctionnements et permettent de s'assurer que tous les dispositifs déclenchent correctement l'alerte.

54. Quel est le rôle du SSIAP 2 lors des tests périodiques ?

Il coordonne le test, s'assure que les agents connaissent les procédures et consigne les résultats. Il vérifie également que les mesures correctives sont appliquées si des anomalies sont détectées.

55. Comment réagir face à une alarme intempestive ?

Le chef d'équipe vérifie l'origine du signal, fait lever le doute et assure que le public et le personnel sont protégés. Les interventions sont consignées pour analyse ultérieure.

56. Pourquoi l'analyse des alarmes intempestives est-elle importante ?

Elle permet de détecter les causes (techniques ou humaines) et de mettre en place des actions correctives pour réduire les risques et maintenir la crédibilité du SSI.

57. Comment coordonner les agents lors d'une alarme incendie ?

Le SSIAP 2 répartit les tâches, définit les zones prioritaires et supervise les interventions. Une coordination efficace permet une évacuation rapide et une action maîtrisée sur le site.

58. Quel est le rôle du chef d'équipe dans le suivi des défauts techniques ?
Il s'assure que les anomalies sont réparées, que les mesures compensatoires sont maintenues et que le suivi est documenté jusqu'à résolution complète. La sécurité ne doit jamais être compromise.

59. Pourquoi la formation des agents sur le SSI est-elle indispensable ?
Les agents doivent comprendre le fonctionnement, la lecture du tableau et les actions à mener en cas d'alarme ou de défaut. Une bonne formation réduit les erreurs et améliore la réactivité.

60. Comment le SSIAP 2 vérifie-t-il la compréhension des agents ?
Il organise des exercices pratiques, pose des questions et observe les interventions sur le terrain. La maîtrise opérationnelle des agents est essentielle pour la sécurité du site.

61. Qu'est-ce qu'un RIA (Réseau d'Incendie Armé) ?
Le RIA est un équipement fixe composé d'un tuyau, d'une lance et d'un réseau d'eau sous pression. Il permet une première intervention contre l'incendie, avant l'arrivée des pompiers, sur des feux de petite ou moyenne intensité.

62. Quel est le rôle du SSIAP 2 avec les RIA ?
Le chef d'équipe doit s'assurer que le RIA est opérationnel, que les agents savent l'utiliser et que l'équipement est conforme aux contrôles périodiques. Il consigne toute anomalie pour correction rapide.

63. Quels types de sprinklers existent ?
Les sprinklers peuvent être thermiques, à action directe ou préaction. Chaque type déclenche l'extinction automatique selon la température ou l'ouverture d'un dispositif associé au feu.

64. Pourquoi les sprinklers sont-ils efficaces pour limiter la propagation du feu ?
Ils diffusent de l'eau sur la zone touchée, réduisant la température et limitant la propagation. Ils permettent de protéger les occupants et de donner le temps aux secours d'intervenir.

65. Quel est le rôle du SSIAP 2 dans la surveillance des sprinklers ?
Il s'assure que les sprinklers sont alimentés en eau, que les vannes sont ouvertes et que les inspections et tests périodiques sont réalisés. Il contrôle également la présence d'obstacles qui pourraient gêner la projection.

66. Qu'est-ce qu'une colonne sèche ?
Une colonne sèche est un réseau vertical de tuyaux sans eau sous pression en permanence. Les sapeurs-pompiers y branchent leurs lances pour intervenir dans les étages en cas d'incendie.

67. Quelle est la particularité des colonnes humides ?
Contrairement aux colonnes sèches, elles contiennent de l'eau en permanence, prête à être utilisée par le personnel de sécurité ou les pompiers. Elles permettent une intervention immédiate.

68. Pourquoi le chef d'équipe doit-il connaître l'emplacement des colonnes sèches et humides ?
La connaissance précise des points d'accès permet d'orienter les secours et de coordonner les premières actions. Cela garantit une intervention rapide et efficace en cas d'incendie.

69. Quel est le rôle du SSIAP 2 lors de tests des colonnes sèches ?
Il vérifie leur intégrité, s'assure que les bouchons et robinets fonctionnent correctement et consigne les résultats. Les mesures correctives sont suivies pour garantir la disponibilité en cas d'urgence.

70. Qu'est-ce qu'une installation fixe d'extinction automatique ?
Il s'agit d'un système permanent qui déclenche automatiquement l'extinction d'un incendie, comme les sprinklers, les RIA, ou les systèmes spéciaux dans les locaux à risques (cuisines, archives, locaux techniques).

71. Pourquoi ces installations sont-elles indispensables ?
Elles permettent de limiter la propagation du feu, de protéger les occupants et de réduire les dommages matériels. Elles offrent également un appui aux secours professionnels lors de l'intervention.

72. Comment le SSIAP 2 vérifie-t-il le fonctionnement de ces installations ?
Il consulte les rapports de maintenance, participe aux tests périodiques et s'assure que les dispositifs sont accessibles et prêts à l'emploi. Toute anomalie est signalée et consignée.

73. Pourquoi la formation des agents sur ces installations est-elle importante ?
Les agents doivent savoir utiliser correctement les équipements en situation d'urgence. Une formation régulière réduit le risque d'erreur et augmente l'efficacité des premières interventions.

74. Quelles sont les obligations réglementaires concernant les installations fixes d'extinction ?
Elles doivent être conformes aux normes, régulièrement entretenues et contrôlées. Les interventions sur ces dispositifs doivent être tracées pour respecter la réglementation.

75. Quel est le rôle du chef d'équipe en cas d'alarme déclenchée par ces installations ?
Il identifie la zone touchée, vérifie l'état réel du feu ou de l'alarme, met en sécurité le public et coordonne l'intervention des agents et des secours. Il consigne toutes les actions.

76. Comment réagir face à un déclenchement involontaire d'un sprinkler ?
Le SSIAP 2 vérifie l'origine du déclenchement, informe les agents et le public, stoppe l'eau si nécessaire et consigne l'incident pour analyse ultérieure et prévention.

77. Quel est le rôle du chef d'équipe dans l'entretien préventif ?
Il s'assure que les inspections périodiques sont planifiées et réalisées, que les défauts sont réparés et que tous les documents de suivi sont à jour, garantissant ainsi la fiabilité des systèmes.

78. Pourquoi la coordination avec la maintenance est-elle essentielle ?
La maintenance technique assure le fonctionnement optimal des installations. Le SSIAP 2 doit collaborer pour prévenir tout dysfonctionnement et garantir la sécurité du site en permanence.

79. Quelles mesures complémentaires le SSIAP 2 peut-il mettre en place en cas d'anomalie ?
Il peut augmenter la surveillance, restreindre l'accès aux zones concernées, renforcer les rondes et signaler aux secours potentiels les limitations temporaires du dispositif.

80. Pourquoi la maîtrise des systèmes d'extinction est-elle cruciale pour le SSIAP 2 ?
Elle permet une réaction rapide et adaptée lors d'un départ de feu. La connaissance des dispositifs protège les personnes, limite les dégâts et optimise l'efficacité des interventions.

81. Qu'est-ce qu'une colonne sèche et comment est-elle utilisée ?
Une colonne sèche est un réseau vertical de tuyaux vide d'eau. Les sapeurs-pompiers y branchent leurs lances pour intervenir rapidement sur les étages en cas d'incendie. Le SSIAP 2 doit connaître son emplacement pour guider les secours efficacement.

82. Qu'est-ce qu'une colonne humide et quelle est sa particularité ?
Contrairement à la colonne sèche, elle contient de l'eau sous pression en permanence. Cela permet une intervention

immédiate par le personnel de sécurité ou les pompiers, améliorant la réactivité face à un départ de feu.

83. Quel est le rôle du SSIAP 2 concernant les colonnes sèches et humides ?

Il s'assure de leur disponibilité, de leur accessibilité et du bon état des robinets et liaisons. Il vérifie aussi que les tests et inspections réglementaires sont réalisés régulièrement et consignés.

84. Pourquoi le SSIAP 2 doit-il connaître l'emplacement des RIA et sprinklers ?

La connaissance précise de l'emplacement permet de déclencher rapidement les dispositifs en cas d'incendie. Cela facilite la coordination des interventions et assure la protection des occupants.

85. Quelles vérifications le chef d'équipe effectue-t-il sur les RIA ?

Il contrôle la pression, l'intégrité du tuyau, le fonctionnement de la lance et la disponibilité de l'eau. Toute anomalie doit être signalée immédiatement et consignée dans la main courante.

86. Pourquoi les sprinklers sont-ils répartis selon un plan précis ?

La répartition garantit une couverture optimale des zones à risques et permet de limiter la propagation du feu. Le SSIAP 2 doit s'assurer que rien n'obstrue la projection de l'eau.

87. Comment réagir en cas de déclenchement intempestif d'un sprinkler ?
Le chef d'équipe identifie l'origine, sécurise la zone, informe les agents et le public et consigne l'incident pour analyse ultérieure. Les actions correctives sont mises en œuvre pour éviter la répétition.

88. Pourquoi les installations fixes d'extinction automatique doivent-elles être testées périodiquement ?
Les tests garantissent la fiabilité des dispositifs et détectent toute anomalie. Un équipement non testé peut échouer au moment critique et mettre en danger les personnes et les biens.

89. Quel est le rôle du SSIAP 2 lors d'un test d'extinction automatique ?
Il coordonne le test, s'assure que les agents savent réagir et que les dispositifs fonctionnent correctement. Les résultats sont consignés et les anomalies signalées à la hiérarchie pour correction.

90. Pourquoi la maîtrise des systèmes d'extinction est-elle essentielle pour le SSIAP 2 ?
Elle permet une réaction rapide et adaptée en cas de départ de feu. Une bonne connaissance des RIA, sprinklers et colonnes assure la sécurité des occupants et l'efficacité des premières interventions avant l'arrivée des secours.

1. Quel est le rôle principal du poste central de sécurité (PCS)
Le PCS est le centre de coordination des actions de sécurité incendie dans un établissement. Il permet de gérer les alarmes, de superviser le personnel, de centraliser les informations et de coordonner les interventions lors d'incidents.

2. Pourquoi le PCS est-il indispensable dans un ERP ou un IGH ?
Il centralise toutes les informations relatives à la sécurité et aux incidents. Cette centralisation permet une prise de décision rapide, une gestion efficace des alarmes et une meilleure coordination des équipes et des secours.

3. Quels équipements retrouve-t-on au PCS ?
Le PCS dispose de tableaux de signalisation, téléphones, radios, plans du site, ordinateurs, alarmes et systèmes de communication. Ces équipements permettent de suivre l'état des dispositifs et de coordonner les interventions.

4. Quel est le rôle du SSIAP 2 au PCS ?
Il supervise le fonctionnement du PCS, analyse les alarmes et défauts, prend des décisions opérationnelles et coordonne les agents et les interventions. Il est le référent de sécurité sur le site.

5. Comment organiser le personnel au PCS ?
Le chef d'équipe répartit les rôles : surveillance des alarmes, suivi des rondes, communication avec la hiérarchie et les

secours. Une organisation claire permet d'éviter les confusions et d'assurer une gestion efficace des incidents.

6. Que signifie la gestion des alarmes au PCS ?
Elle consiste à recevoir, analyser et classer les alarmes pour déterminer leur priorité. Chaque alarme déclenche des actions adaptées, allant de la simple vérification à l'évacuation complète.

7. Comment analyser une situation incendie depuis le PCS
Le SSIAP 2 examine le type d'alarme, la zone concernée et les informations des agents sur le terrain. Cette analyse permet de décider des actions immédiates et de coordonner la réponse avec les secours.

8. Pourquoi la prise de décision rapide est-elle cruciale ?
Le temps est un facteur critique en incendie. Une décision tardive peut compromettre la sécurité des occupants et la protection du bâtiment, tandis qu'une décision rapide optimise la gestion de la crise.

9. Comment coordonner les agents depuis le PCS ?
Le chef d'équipe répartit les missions, communique les consignes et suit l'avancement des interventions. La coordination garantit que chaque agent agit efficacement et en sécurité.

10. Quel est le rôle du PCS dans l'accueil des secours ?
Le PCS centralise l'information, oriente les sapeurs-pompiers vers les zones concernées et fournit les plans et les consignes nécessaires. Cela facilite une intervention rapide et ciblée.

11. Pourquoi la transmission des informations est-elle essentielle ?
Les informations du PCS permettent aux équipes sur le terrain et aux secours de réagir de manière coordonnée. Une communication claire réduit les erreurs et accélère la mise en sécurité des personnes.

12. Qu'est-ce que la main courante au PCS ?
La main courante est un document où le SSIAP 2 consigne tous les événements, actions et observations. Elle assure la traçabilité et permet un suivi réglementaire et administratif.

13. Pourquoi la traçabilité est-elle indispensable ?
Elle permet de prouver la diligence des actions et la conformité réglementaire. En cas de contrôle ou d'incident, elle documente toutes les interventions et décisions prises.

14. Comment gérer simultanément plusieurs événements au PCS ?
Le chef d'équipe priorise les événements selon leur gravité, mobilise les ressources disponibles et répartit les tâches. Une organisation méthodique permet de traiter efficacement plusieurs incidents.

15. Comment le PCS assure-t-il la continuité de l'information
En utilisant des systèmes de communication fiables (radios, téléphones, tableaux) et en consignant toutes les actions dans la main courante. Cela garantit que l'information circule et reste accessible.

16. Quel est le rôle du SSIAP 2 dans la vérification du PCS ?
Il s'assure que tous les équipements fonctionnent, que les alarmes sont opérationnelles et que le personnel connaît les procédures. Les tests périodiques et la maintenance sont suivis et consignés.

17. Pourquoi le PCS est-il un outil de décision stratégique ?
Parce qu'il centralise toutes les informations et permet d'évaluer la situation en temps réel. Les décisions prises depuis le PCS influencent directement la sécurité des occupants et le déroulement des interventions.

18. Comment le SSIAP 2 communique-t-il avec la hiérarchie depuis le PCS ?
Il transmet des rapports réguliers, alerte en cas d'incident majeur et rend compte de l'état des dispositifs et des actions entreprises. La communication assure la cohérence de la stratégie de sécurité.

19. Quelles sont les limites d'intervention du PCS ?
Le PCS coordonne mais n'intervient pas directement sur le feu. Les actions sur le terrain restent à la charge des agents et des secours, tandis que le PCS assure la gestion et la coordination.

20. Pourquoi la formation du personnel PCS est-elle essentielle ?
Elle garantit que les agents comprennent les dispositifs, savent réagir correctement aux alarmes et respectent les procédures. Une formation adéquate assure une gestion efficace et sécurisée des incidents.

21. Comment le PCS gère-t-il les défauts techniques détectés par le SSI ?
Le chef d'équipe identifie le type de défaut, évalue son impact sur la sécurité et consigne l'incident. Des mesures compensatoires sont mises en place, comme des rondes renforcées ou l'alerte immédiate de la hiérarchie, pour maintenir la sécurité.

22. Pourquoi la traçabilité des défauts est-elle importante
Elle permet de démontrer que les anomalies ont été traitées et suivies selon la réglementation. En cas de contrôle ou d'incident, la traçabilité protège le SSIAP 2 et l'exploitant sur le plan légal et opérationnel.

23. Comment le PCS coordonne-t-il les agents lors d'un défaut critique ?
Le chef d'équipe répartit les tâches, attribue des zones à surveiller et supervise les interventions. La coordination garantit que toutes les mesures nécessaires sont appliquées rapidement et de manière cohérente.

24. Quelles mesures correctives peuvent être mises en place par le PCS ?
Elles incluent le renforcement de la surveillance, l'isolement des zones à risque, l'alerte des services de maintenance et l'information des occupants. Le but est de minimiser le risque jusqu'à résolution complète.

25. Comment le PCS assure-t-il la continuité de la sécurité lors de plusieurs défauts simultanés ?
Le SSIAP 2 priorise les incidents selon la gravité et l'impact potentiel sur les occupants. Il coordonne les équipes pour

traiter les défauts critiques en priorité tout en maintenant la sécurité générale du site.

26. Pourquoi le suivi des alarmes et des défauts doit-il être consigné ?
La consignation dans la main courante assure la traçabilité et permet d'analyser les incidents récurrents. Elle est également utile pour préparer les rapports à la hiérarchie ou aux commissions de sécurité.

27. Comment le PCS transmet-il les informations aux secours
Le SSIAP 2 fournit un résumé clair de la situation, localise la zone touchée, précise les installations impactées et guide les équipes de secours à leur arrivée, afin d'optimiser leur intervention.

28. Quel est le rôle du PCS dans la coordination des rondes
Le PCS planifie les rondes, informe les agents des zones prioritaires et réceptionne les comptes rendus. Cela garantit une surveillance efficace et la détection rapide de tout problème.

29. Comment le SSIAP 2 analyse-t-il une situation incendie depuis le PCS ?
Il collecte les informations du tableau de signalisation, des agents et des systèmes d'alarme, puis évalue le danger, identifie les priorités et décide des mesures immédiates pour protéger les personnes et le bâtiment.

30. Pourquoi le chef d'équipe doit-il anticiper les interventions multiples ?
La simultanéité des événements peut générer des conflits de ressources. Anticiper permet de répartir efficacement le personnel, d'éviter la confusion et d'assurer la sécurité de toutes les zones du bâtiment.

31. Comment le PCS utilise-t-il les plans et schémas du bâtiment ?
Les plans permettent d'identifier rapidement les zones à risque, les issues de secours et les points d'accès des équipements. Ils sont essentiels pour orienter les agents et guider les secours efficacement.

32. Quel est le rôle du SSIAP 2 lors de l'arrivée des pompiers
Il transmet toutes les informations pertinentes, fournit les plans et les rapports d'incidents et assiste les pompiers dans l'accès aux zones touchées. Sa mission est de faciliter une intervention rapide et sécurisée.

33. Comment le PCS gère-t-il la communication interne et externe ?
Le chef d'équipe utilise radios, téléphones et systèmes informatiques pour transmettre les informations. La communication claire garantit que les agents, la hiérarchie et les secours sont coordonnés.

34. Pourquoi le suivi en temps réel est-il essentiel au PCS ?
Une surveillance continue permet de détecter immédiatement tout changement de situation. Cela permet des ajustements rapides et une réponse adaptée pour maintenir la sécurité.

35. Qu'est-ce que la supervision des dispositifs de sécurité depuis le PCS ?

La supervision consiste à vérifier que tous les équipements (alarme, sprinklers, RIA, colonnes) fonctionnent et déclenchent correctement. Elle assure que le site reste protégé en permanence.

36. Comment le PCS contribue-t-il à la prévention des incidents ?

Il centralise les informations sur les anomalies et les risques potentiels, alerte la hiérarchie et planifie les actions correctives. Cette vigilance quotidienne réduit la probabilité d'incidents graves.

37. Pourquoi le PCS doit-il être opérationnel 24/7 ?

La sécurité incendie ne connaît pas de pause. Un PCS opérationnel à tout moment assure que toute alarme ou défaut sera détecté, analysé et traité immédiatement pour protéger les personnes et le bâtiment.

38. Comment le SSIAP 2 assure-t-il la mise à jour des procédures au PCS ?

Il révise régulièrement les protocoles, intègre les changements réglementaires ou techniques et forme les agents. La mise à jour garantit que le PCS fonctionne selon les normes et les meilleures pratiques.

39. Quel est l'impact de la mauvaise gestion du PCS sur la sécurité ?

Une gestion inefficace peut retarder la détection et la réaction, mettre en danger les occupants et compliquer l'intervention des secours. Le rôle du SSIAP 2 est crucial pour prévenir ces situations.

40. Pourquoi la formation continue du personnel PCS est-elle nécessaire ?
Elle permet de maintenir la maîtrise des systèmes, d'actualiser les connaissances et d'assurer des interventions correctes en situation d'urgence. Des agents bien formés renforcent la sécurité globale du site.

41. Comment le PCS gère-t-il plusieurs événements simultanés ?
Le SSIAP 2 priorise les incidents selon leur gravité et leur impact sur les occupants. Il répartit les agents, coordonne les actions et s'assure que les ressources disponibles sont utilisées de façon optimale pour maintenir la sécurité.

42. Pourquoi la priorisation des incidents est-elle essentielle
Tous les événements n'ont pas la même urgence. Une priorisation efficace permet d'intervenir d'abord sur les situations les plus critiques, garantissant la protection des personnes et la limitation des dégâts.

43. Comment organiser l'accueil des secours au PCS ?
Le chef d'équipe fournit aux pompiers toutes les informations utiles : localisation du sinistre, état des alarmes et dispositifs de sécurité, plans du bâtiment et rapports d'incidents. Cela facilite leur intervention rapide et efficace.

44. Pourquoi la communication claire avec les secours est-elle cruciale ?
Une communication précise réduit les erreurs, oriente correctement les équipes et assure que toutes les mesures de sécurité ont été prises. Elle est indispensable pour une intervention coordonnée et sécurisée.

45. Comment transmettre les informations aux agents internes depuis le PCS ?
Le SSIAP 2 utilise radios, téléphones ou messages électroniques pour donner les consignes. Il précise les zones prioritaires, les tâches à effectuer et les mesures de sécurité à appliquer.

46. Quel est le rôle du PCS dans la sécurisation des zones critiques ?
Il identifie les zones à risque, informe les agents et bloque l'accès au public. La sécurisation permet de limiter l'exposition aux dangers et facilite les interventions des secours.

47. Comment la main courante contribue-t-elle à la gestion du PCS ?
Elle consigne toutes les interventions, alarmes et défauts. Cela assure la traçabilité, permet un suivi réglementaire et facilite l'analyse post-incident pour améliorer les procédures.

48. Pourquoi le chef d'équipe doit-il consigner chaque action dans la main courante ?
La consignation permet de garder un historique précis des décisions et actions, justifie la conformité avec la

réglementation et sert de preuve en cas de contrôle ou d'incident.

49. Comment le PCS analyse-t-il une situation complexe ?
Le SSIAP 2 croise les informations du tableau de signalisation, des agents et des systèmes d'alarme. Il évalue la gravité, détermine les priorités et prend les décisions adaptées pour protéger les personnes et le bâtiment.

50. Pourquoi la supervision permanente est-elle nécessaire
Les incidents peuvent survenir à tout moment. Une supervision continue permet de détecter immédiatement tout changement, d'adapter les actions et de maintenir la sécurité en temps réel.

51. Comment le chef d'équipe coordonne-t-il l'évacuation depuis le PCS ?
Il donne les consignes aux agents de terrain, vérifie que les voies sont dégagées, informe le public et s'assure que les dispositifs d'alarme et d'éclairage d'évacuation fonctionnent correctement.

52. Qu'est-ce que la communication descendante au PCS ?
C'est la transmission des informations et consignes depuis le chef d'équipe vers les agents et le personnel. Elle garantit que tout le monde agit en cohérence avec le plan de sécurité et les procédures.

53. Qu'est-ce que la communication ascendante au PCS ?
C'est le retour d'information des agents vers le chef d'équipe et la hiérarchie. Elle permet de suivre l'évolution des incidents et d'ajuster les décisions et ressources en conséquence.

54. Comment le PCS prépare-t-il les interventions des pompiers ?
Il fournit les plans, signale les installations de sécurité, précise les zones touchées et guide l'accès. Le PCS agit comme interface entre le personnel sur site et les secours externes.

55. Pourquoi la documentation technique est-elle essentielle au PCS ?
Les plans, notices et schémas permettent au SSIAP 2 de comprendre les installations et les dispositifs. Cela facilite les décisions rapides et la coordination des interventions en situation réelle.

56. Comment le chef d'équipe gère-t-il les alarmes multiples
Il identifie celles qui sont prioritaires, répartit les agents pour les traiter et consigne chaque intervention. Cette gestion méthodique évite les erreurs et maintient la sécurité globale.

57. Pourquoi le PCS doit-il rester opérationnel même en cas de panne partielle ?
Une panne partielle peut affecter certains dispositifs mais la sécurité doit être maintenue. Le SSIAP 2 active des mesures compensatoires et assure la surveillance continue.

58. Quel est le rôle du PCS dans la coordination interservices
Il centralise les informations, coordonne les agents internes et communique avec les services externes comme les

pompiers, la police ou les équipes techniques, garantissant une réponse efficace et sécurisée.

59. Comment le SSIAP 2 utilise-t-il la technologie au PCS ?

Il exploite les tableaux de signalisation, systèmes informatiques, alarmes et radios pour suivre les incidents, analyser les situations et coordonner les actions de façon efficace.

60. Pourquoi la formation continue du personnel PCS est-elle indispensable ?

Elle assure la maîtrise des systèmes, la compréhension des procédures et la capacité à réagir correctement aux incidents. Des agents formés augmentent la sécurité et la réactivité du site.

61. Comment le PCS assure-t-il la supervision globale du site

Le chef d'équipe surveille toutes les alarmes et dispositifs de sécurité, centralise les informations et coordonne les actions des agents. Cette supervision garantit que toutes les zones du site restent protégées en permanence.

62. Pourquoi la synthèse des informations est-elle essentielle au PCS ?

Elle permet d'avoir une vue d'ensemble de la situation et de prendre des décisions rapides. La synthèse facilite la hiérarchisation des interventions et la communication avec les secours externes.

63. Comment le chef d'équipe gère-t-il les communications internes et externes ?
Il utilise radios, téléphones et systèmes informatiques pour transmettre les consignes aux agents et informer la hiérarchie et les pompiers. Une communication claire évite les erreurs et optimise la coordination.

64. Quel est le rôle du PCS dans l'évacuation simultanée ?
Le PCS organise les consignes, identifie les voies prioritaires et coordonne les agents pour guider les occupants. Une gestion efficace réduit le risque de panique et assure un flux d'évacuation sûr.

65. Comment le chef d'équipe analyse-t-il les incidents simultanés ?
Il priorise les événements selon leur gravité et leur impact sur les personnes, répartit les équipes et ajuste les actions en temps réel pour gérer plusieurs incidents sans compromettre la sécurité.

66. Pourquoi la traçabilité est-elle un outil stratégique ?
Elle permet de consigner toutes les interventions, décisions et anomalies. Cette documentation est essentielle pour l'analyse post-incident et pour répondre aux exigences réglementaires.

67. Comment le PCS contribue-t-il à la prévention des risques ?
En centralisant les défauts, alarmes et anomalies, le PCS permet de détecter les tendances et de mettre en place des mesures correctives. Cela réduit le risque d'incidents futurs et améliore la sécurité générale.

68. Quel est le rôle du SSIAP 2 dans la coordination des secours ?
Il informe les pompiers de l'état des alarmes, de la localisation des équipements et de la situation des occupants. Il facilite l'accès aux zones critiques et assure une intervention rapide et efficace.

69. Comment le PCS gère-t-il la répartition des tâches entre agents ?
Le chef d'équipe attribue des zones et missions spécifiques, supervise l'exécution et ajuste les affectations selon l'évolution de la situation. Cette organisation maximise l'efficacité opérationnelle.

70. Pourquoi le PCS doit-il être prêt à gérer des situations complexes ?
Les incidents peuvent impliquer plusieurs zones et systèmes. La préparation et la coordination depuis le PCS garantissent une réponse organisée, rapide et adaptée à la gravité de la situation.

71. Comment le PCS maintient-il la sécurité lors d'un défaut partiel ?
Le SSIAP 2 met en place des mesures compensatoires, surveille les zones affectées et ajuste la répartition du personnel pour éviter toute vulnérabilité. La sécurité globale reste prioritaire.

72. Pourquoi la formation continue des agents PCS est-elle cruciale ?
Elle garantit la maîtrise des systèmes, la connaissance des procédures et la capacité à réagir correctement aux incidents.

Des agents compétents assurent une gestion efficace et sécurisée du site.

73. Comment le PCS gère-t-il l'information en temps réel ?
Toutes les alarmes et événements sont centralisés et analysés instantanément. Le SSIAP 2 utilise ces informations pour coordonner les actions et transmettre des consignes précises aux agents et aux secours.

74. Pourquoi le chef d'équipe doit-il anticiper les interventions multiples ?
La simultanéité des incidents peut créer des conflits de ressources. Anticiper les priorités et planifier les actions permet de gérer efficacement plusieurs événements sans compromettre la sécurité.

75. Quel est le rôle du PCS dans la sécurité des agents ?
Il s'assure que chaque agent connaît sa mission, dispose des protections nécessaires et agit en sécurité. La coordination et le suivi permettent d'éviter les accidents lors des interventions.

76. Comment le PCS contribue-t-il à la gestion du stress du personnel ?
Une organisation claire, des consignes précises et une supervision constante permettent de limiter le stress. Le SSIAP 2 maintient la concentration et l'efficacité des agents en situation d'urgence.

77. Pourquoi la communication avec la hiérarchie est-elle essentielle ?
Elle permet d'informer rapidement sur l'évolution des incidents, d'obtenir des ressources supplémentaires et de valider certaines décisions stratégiques. La hiérarchie reste impliquée dans la sécurité globale.

78. Comment le PCS assure-t-il la conformité réglementaire
Toutes les interventions, alarmes et anomalies sont consignées. Le suivi des tests périodiques et des mesures correctives garantit que le site respecte les exigences légales et les normes en vigueur.

79. Quel est le rôle du PCS dans la fin d'intervention ?
Il coordonne le retour à la normale, consigne les événements dans la main courante et assure la vérification des systèmes avant de remettre le site en service. Cela permet d'éviter les incidents résiduels.

80. Pourquoi la synthèse et l'analyse post-incident sont-elles importantes ?
Elles permettent d'identifier les points faibles, d'améliorer les procédures et de former le personnel pour l'avenir. L'analyse post-incident renforce la sécurité et la préparation du site pour de futurs événements.

PARTIE 5 – GESTION DE CRISE & SITUATIONS OPÉRATIONNELLES

1. Quelle est la conduite à tenir face à un départ de feu ?
Le SSIAP 2 doit évaluer rapidement la situation, alerter les secours, déclencher l'alarme incendie et organiser les premières interventions. L'objectif est de protéger les personnes, limiter la propagation et sécuriser les lieux avant l'arrivée des pompiers.

2. Pourquoi l'évaluation rapide est-elle cruciale ?
Elle permet de déterminer l'ampleur du danger, les zones à évacuer et les ressources nécessaires. Une mauvaise évaluation peut retarder l'action et augmenter les risques pour les occupants et les agents.

3. Comment organiser l'évacuation du public ?
Le chef d'équipe établit un plan d'évacuation clair, désigne les responsables de zone et assure la signalisation et l'accompagnement des occupants. Chaque personne doit connaître la sortie la plus sûre et être guidée efficacement.

4. Quelles mesures prendre pour la protection des personnes ?
Mettre à l'abri les occupants, fermer les compartiments coupe-feu, utiliser les dispositifs de sécurité et guider les personnes vers les sorties. Le SSIAP 2 doit garantir que chacun évite les zones à risque.

5. Comment sécuriser les zones dangereuses ?
Le chef d'équipe isole les zones touchées, bloque les accès et place des agents pour empêcher l'entrée. Cette action limite les risques et facilite l'intervention des secours.

6. Pourquoi le stress et la pression doivent-ils être gérés ?
Le stress peut provoquer des erreurs et ralentir les réactions. Le SSIAP 2 doit maintenir le calme, organiser clairement les actions et soutenir les agents pour assurer une intervention efficace.

7. Comment commander en situation dégradée ?
Il faut prioriser les actions, répartir les tâches entre les agents, communiquer clairement et ajuster les décisions selon l'évolution de l'incident. Le commandement structuré réduit le chaos et améliore la sécurité.

8. Quelles sont les priorités opérationnelles lors d'un incident ?
La protection des personnes, le confinement du feu, la sécurité des agents et la coordination avec les secours. Ces priorités guident toutes les décisions et interventions sur le site.

9. Comment assurer la fin d'intervention et le retour à la normale ?
Le chef d'équipe vérifie que le feu est maîtrisé, les dispositifs fonctionnent et les zones sont sûres. Il consigne toutes les actions et informe la hiérarchie pour autoriser la reprise normale des activités.

10. Pourquoi le débriefing post-incident est-il important ?
Il permet d'analyser les actions menées, d'identifier les points à améliorer et de former le personnel. Le débriefing renforce la préparation et la sécurité pour les interventions futures.

11. Comment gérer l'évacuation des personnes à mobilité réduite ?
Le SSIAP 2 organise des responsables pour les accompagner, utilise des dispositifs adaptés et s'assure que les voies d'évacuation sont accessibles et dégagées pour éviter tout blocage.

12. Quel rôle joue la communication interne lors d'une crise
Elle informe les agents des actions à mener, assure la coordination et permet d'adapter rapidement les interventions selon l'évolution de la situation. Une communication efficace sauve du temps et des vies.

13. Comment coordonner plusieurs équipes sur le terrain ?
Le chef d'équipe répartit les missions selon les compétences, surveille l'exécution, ajuste les interventions et centralise les informations au PCS. Cette coordination garantit une action cohérente et sécurisée.

14. Pourquoi les exercices et simulations sont essentiels ?
Ils préparent le personnel à réagir correctement, identifient les failles du plan de sécurité et renforcent la confiance des agents. Une préparation régulière réduit les erreurs en situation réelle.

15. Comment le SSIAP 2 gère-t-il les incidents simultanés ?
Il évalue la gravité de chaque événement, priorise les interventions et redistribue les ressources. La gestion simultanée demande organisation, anticipation et communication claire.

16. Quels documents doivent être utilisés pour la gestion de crise ?
Plans d'évacuation, registres de sécurité, manuels du SSI et fiches techniques des dispositifs. Ces documents aident à prendre des décisions éclairées et à coordonner efficacement les actions.

17. Comment assurer la sécurité des agents intervenant sur le terrain ?
Le chef d'équipe fournit les équipements de protection, précise les consignes et surveille leur mise en œuvre. La sécurité des agents est prioritaire pour garantir l'efficacité de l'intervention.

18. Pourquoi l'information en temps réel est-elle cruciale ?
Elle permet d'adapter les actions selon l'évolution de l'incendie, d'alerter la hiérarchie et de coordonner les équipes. Une information précise réduit les risques et optimise la sécurité.

19. Comment gérer le stress des occupants pendant l'évacuation ?
Le SSIAP 2 et les agents doivent guider calmement, fournir des instructions claires et rassurer le public. Une communication structurée limite la panique et assure un flux régulier.

20. Quel est le rôle du chef d'équipe après le retour à la normale ?
Il supervise la remise en état des dispositifs, consigne les événements, analyse les actions et organise un débriefing. Cela permet d'améliorer les procédures et de renforcer la sécurité future.

21. Comment commander en situation dégradée ?
Le SSIAP 2 doit rester calme, évaluer rapidement la situation et donner des instructions claires. Il répartit les missions selon les priorités et ajuste les décisions en fonction de l'évolution de l'incident. La coordination et la communication sont essentielles pour éviter le chaos.

22. Pourquoi la hiérarchisation des actions est-elle cruciale
Toutes les actions n'ont pas la même urgence. La hiérarchisation permet de protéger d'abord les personnes, puis de limiter les dégâts matériels. Elle garantit également une utilisation optimale des agents disponibles.

23. Comment gérer les priorités opérationnelles lors d'un incident ?
Le chef d'équipe identifie les zones critiques, détermine les actions à mener en premier et coordonne les agents. La priorité est toujours la sécurité des occupants, puis la protection du bâtiment et enfin la gestion des équipements.

24. Quel rôle joue le SSIAP 2 dans la sécurisation des zones sensibles ?
Il isole les zones dangereuses, limite l'accès du public et informe les agents. La sécurisation réduit le risque

d'accidents, facilite le travail des secours et permet un contrôle efficace de l'incident.

25. Comment organiser le flux d'évacuation en urgence ?
Le chef d'équipe met en place un plan clair, désigne des responsables pour chaque zone et guide le public vers les sorties. La signalisation, les agents et les consignes permettent un mouvement fluide et sécurisé.

26. Pourquoi la communication avec les agents est-elle essentielle ?
Elle permet de transmettre les consignes, de coordonner les actions et de signaler les évolutions de la situation. Une communication efficace assure que chaque agent agit correctement et en sécurité.

27. Comment gérer le stress des agents sur le terrain ?
Le SSIAP 2 maintient la clarté des instructions, répartit les tâches et soutient les agents. Un encadrement serein réduit les erreurs, permet de rester concentré et optimise l'efficacité des interventions.

28. Quel est le rôle du PCS dans la coordination des secours
Il centralise les informations, informe les pompiers de la localisation et de la gravité du sinistre, et leur fournit les plans et les dispositifs de sécurité. Cela permet une intervention rapide et sécurisée.

29. Comment analyser la situation en continu ?
Le chef d'équipe croise les informations provenant des agents, des systèmes d'alarme et du PCS. Il évalue les risques

en temps réel, ajuste les priorités et prend des décisions adaptées à l'évolution de l'incident.

30. Pourquoi le suivi des interventions doit-il être consigné
La consignation permet de garder une trace des actions, d'assurer la conformité réglementaire et de faciliter le retour d'expérience. Elle est essentielle pour le contrôle et l'amélioration des procédures.

31. Comment le SSIAP 2 gère-t-il les incidents simultanés ?
Il priorise selon la gravité, répartit les agents et ajuste la coordination. Une gestion méthodique permet de maintenir la sécurité de toutes les zones et d'éviter que les incidents s'aggravent.

32. Quelles mesures prendre pour la protection des personnes vulnérables ?
Le chef d'équipe identifie les occupants à mobilité réduite, met en place des accompagnateurs et utilise des dispositifs adaptés. La planification garantit une évacuation sécurisée pour tous.

33. Comment organiser la fin d'intervention ?
Le SSIAP 2 s'assure que le sinistre est maîtrisé, que les dispositifs fonctionnent et que toutes les zones sont sécurisées. Il consigne les événements et informe la hiérarchie pour la reprise normale des activités.

34. Pourquoi le débriefing post-incident est-il important ?
Il permet d'analyser les actions, d'identifier les points à améliorer et de former le personnel. Le débriefing renforce la préparation et la sécurité pour les interventions futures.

35. Comment le chef d'équipe coordonne-t-il les ressources disponibles ?

Il répartit le personnel et le matériel selon les priorités, suit l'avancement des actions et ajuste la stratégie. Une coordination efficace maximise l'efficacité et réduit les risques.

36. Pourquoi la prévention est-elle intégrée à la gestion de crise ?

En identifiant les risques et anomalies avant l'incident, le SSIAP 2 peut anticiper les problèmes, limiter les effets d'un départ de feu et améliorer la sécurité des occupants et du personnel.

37. Comment le chef d'équipe gère-t-il la communication avec le public ?

Il fournit des instructions claires, rassure les occupants et coordonne les agents pour guider les flux. Une communication efficace réduit la panique et assure une évacuation sûre.

38. Quel est le rôle du SSIAP 2 dans la protection des biens

Il limite la propagation du feu en mettant en œuvre les dispositifs de sécurité, coordonne les interventions et guide les secours. La protection des biens vient après la sécurité des personnes mais reste importante.

39. Comment s'assurer que les procédures sont respectées

Le chef d'équipe supervise les actions, consigne les interventions et vérifie la mise en œuvre des plans d'évacuation et dispositifs de sécurité. Cela garantit la conformité et la sécurité.

40. Pourquoi l'analyse post-événement est-elle nécessaire

Elle permet d'évaluer l'efficacité des interventions, d'identifier les améliorations possibles et de renforcer la formation du personnel. L'analyse post-incident contribue à la sécurité future et à l'optimisation des procédures.

41. Comment prioriser les actions lors d'une crise multiple

Le SSIAP 2 identifie les incidents les plus critiques en fonction du danger pour les personnes et des risques matériels. Il répartit les ressources et ordonne les interventions selon l'urgence, afin d'assurer une protection optimale.

42. Pourquoi l'anticipation est-elle essentielle pour le chef d'équipe ?

Anticiper les scénarios possibles permet de préparer les agents, organiser les ressources et réduire les temps de réaction. Une anticipation efficace limite les risques et facilite la prise de décision sous pression.

43. Comment coordonner plusieurs équipes sur différentes zones ?

Le SSIAP 2 attribue des missions claires à chaque équipe, suit leur avancement et ajuste les priorités si nécessaire. Une coordination centralisée garantit que toutes les zones sont surveillées et sécurisées.

44. Quel est le rôle du chef d'équipe dans la communication externe ?

Il informe les secours, la hiérarchie et les services extérieurs de l'évolution des incidents. Une communication précise assure que les équipes externes interviennent rapidement et efficacement.

45. Comment organiser la fin d'intervention ?
Le SSIAP 2 vérifie que toutes les alarmes sont éteintes, que les dispositifs fonctionnent et que les zones sont sûres. Il consigne toutes les actions et prépare le retour à la normale de l'établissement.

46. Pourquoi le débriefing post-incident est-il stratégique ?
Il permet d'analyser l'efficacité des actions, d'identifier les points faibles et d'améliorer les procédures. Le débriefing renforce la préparation des équipes pour les situations futures.

47. Comment gérer les agents fatigués ou stressés ?
Le chef d'équipe répartit les tâches, propose des pauses si possible et veille à ce que chacun reste concentré et efficace. La gestion du stress est essentielle pour maintenir la sécurité globale.

48. Comment sécuriser les zones pendant une intervention simultanée ?
Le SSIAP 2 bloque les accès, positionne les agents et informe le public des zones à éviter. La sécurisation limite les risques et assure une coordination fluide avec les secours.

49. Quel est l'impact d'une mauvaise priorisation ?
Une priorisation incorrecte peut retarder les interventions cruciales, mettre en danger les occupants et compliquer la gestion des incidents. La sécurité et la rapidité d'action en dépendent directement.

50. Comment le chef d'équipe utilise-t-il les registres de sécurité ?

Il consigne les interventions, défauts et anomalies, permettant de suivre les actions et de vérifier la conformité réglementaire. Ces registres servent aussi de support lors du débriefing.

51. Comment gérer une situation où plusieurs incendies se déclarent ?

Le SSIAP 2 évalue la gravité de chaque incendie, priorise les interventions et redistribue le personnel. La coordination assure que les zones critiques sont traitées en premier, tout en maintenant la sécurité globale.

52. Comment assurer la protection des occupants vulnérables ?

Le chef d'équipe identifie les personnes à mobilité réduite ou nécessitant assistance, les fait évacuer avec des agents dédiés et vérifie que les issues de secours leur sont accessibles.

53. Quel est le rôle du PCS dans la gestion simultanée d'incidents ?

Le PCS centralise l'information, coordonne les interventions et guide les équipes. Il permet de répartir les ressources intelligemment pour que chaque incident soit traité efficacement.

54. Comment contrôler le respect des procédures pendant l'incident ?

Le SSIAP 2 supervise les actions des agents, vérifie que les consignes sont appliquées et ajuste les interventions si nécessaire. La conformité assure sécurité et efficacité.

55. Comment préparer le retour à la normale après l'incident ?

Le chef d'équipe s'assure que tous les systèmes sont rétablis, que les zones sont sécurisées et que la documentation est complétée. Il informe la hiérarchie avant la reprise des activités.

56. Pourquoi la communication descendante est-elle critique ?

Elle transmet les consignes claires aux agents pour que chacun connaisse sa mission. Une communication précise réduit les erreurs et optimise la coordination sur le terrain.

57. Pourquoi la communication ascendante est-elle nécessaire ?

Elle permet aux agents de remonter les informations sur l'évolution de l'incident, les difficultés rencontrées et les besoins en ressources. Cela aide le chef d'équipe à ajuster les décisions en temps réel.

58. Comment le chef d'équipe assure-t-il la sécurité du personnel ?

Il fournit les protections nécessaires, clarifie les missions et surveille l'exécution des actions. La sécurité des agents est prioritaire pour garantir une intervention efficace et limiter les risques.

59. Comment organiser le suivi en temps réel des incidents

Le SSIAP 2 utilise les alarmes, radios et rapports des agents pour suivre chaque événement. Le suivi permet d'anticiper les problèmes, réajuster les priorités et coordonner les interventions efficacement.

60. Pourquoi l'analyse post-incident est-elle importante ?
Elle évalue les actions menées, identifie les points à améliorer et permet de renforcer la formation et les procédures. L'analyse assure une meilleure préparation pour les crises futures.

Conclusion

Arriver au terme de ce livre, c'est déjà avoir franchi une étape importante dans votre préparation aux examens.

À travers ces questions-réponses, vous avez revu les notions essentielles des deux niveaux : la réglementation incendie, les fondamentaux techniques, les équipements de sécurité, les missions de l'agent, la gestion du poste de sécurité, le management d'équipe, les cas pratiques et les différentes situations professionnelles rencontrées en ERP et en IGH.

La réussite aux examens SSIAP 1 et SSIAP 2 repose sur le travail, la régularité, la méthode et l'engagement. Si vous êtes arrivé au terme de cet ouvrage, vous avez déjà accompli une grande partie du chemin.

Nous vous souhaitons une pleine réussite à votre examen SSIAP 1 ou SSIAP 2, ainsi qu'une carrière professionnelle enrichissante, responsable et entièrement tournée vers la prévention des risques, la sécurité incendie et la protection des personnes.

Bonne continuation et pleine réussite à vous.